U0396537

北京蒙太奇

BEIJING MONTAGE

拼贴主义的千年皇都

张为平 著

都市可能概念工场

东南大学出版社

目录

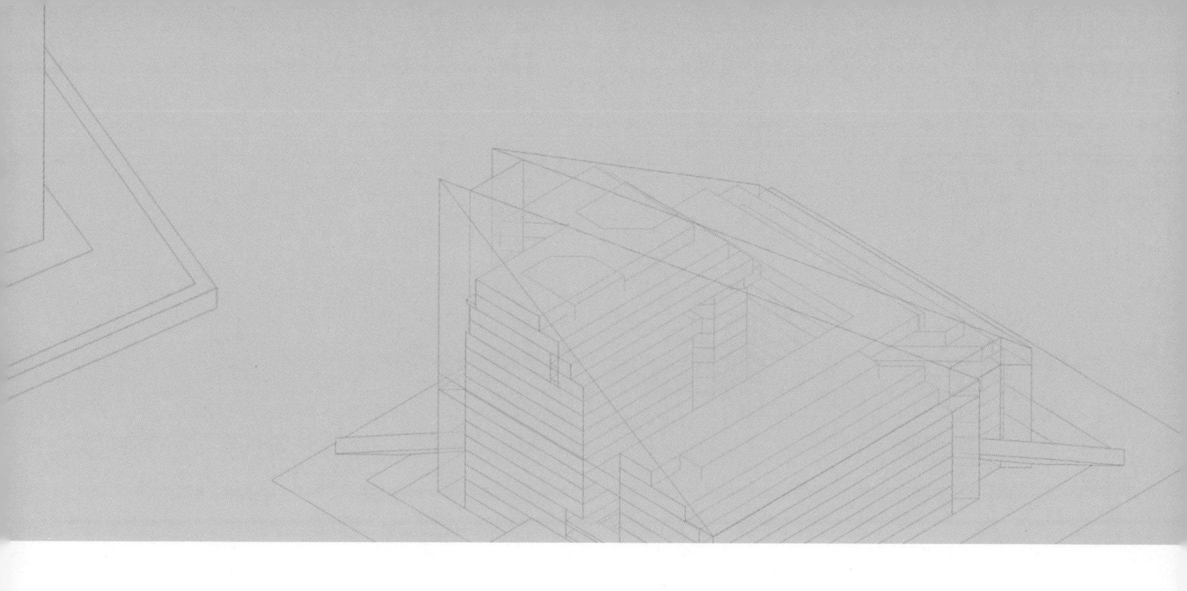

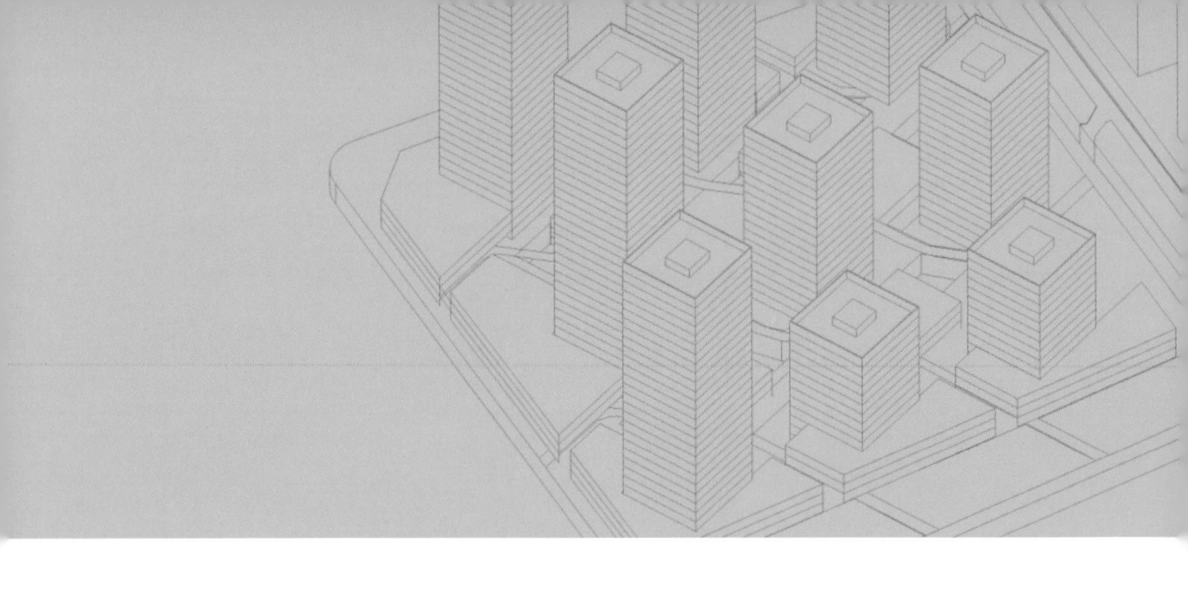

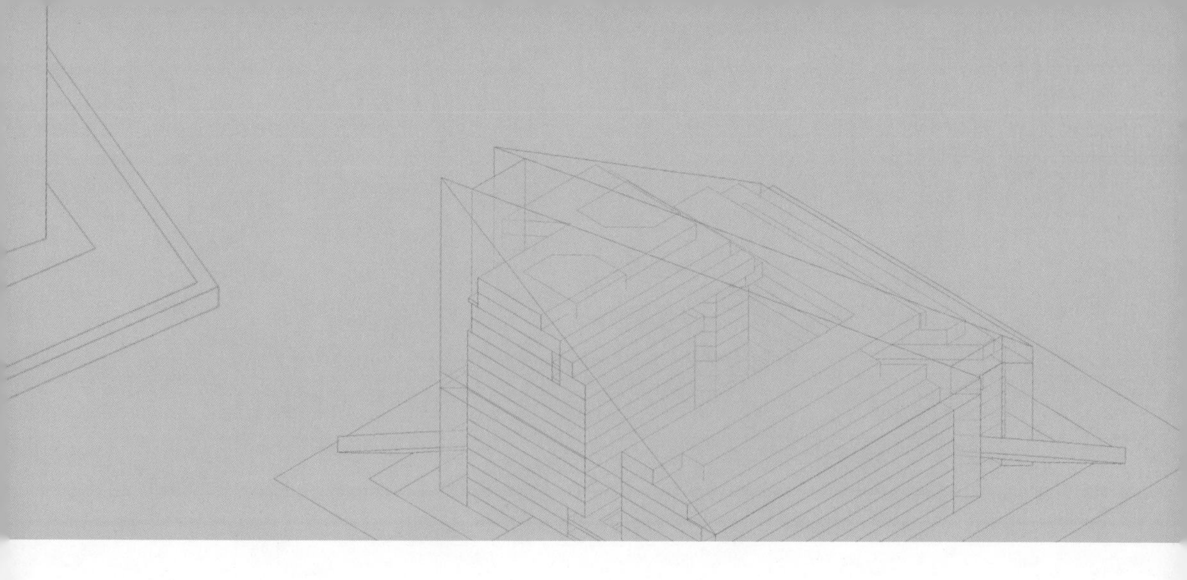

序曲

INTRODUCTION

临时的定论

以从古至今东西方丰富的城市发展经验和建筑的理念积累，对于世界上大多数城市，我们总能相对容易地做出一些比较确定的评价——现代主义、后现代主义、历史主义、新都市主义、新陈代谢……即使很少纯粹，也可以以复合理念加以应对。但所有的评价体系、所有最自信的理论家们，面对今天的北京，似乎也变得或犹豫、或失语。

拥有近千年历史的古都，经历了近代各种理念、运动、流变的洗礼，北京表现出众多悖谬城市因素的共生状态，如：新与旧，虚与实，宏大与微末，正式与非正式……看似无序却又泰然自若。其他国家需要经历三百年才实现的转变，在北京只用三十年就实现了。它是“中国式魔幻现实主义”的代表作。高速发展留下的各种成果、碎片、范本如同历史沉淀的页岩一般，堆积在一起——以时间和空间两种维度。

本书是关于这种“都市混杂”现象的记录与描摹，试图以采样的方式，还原一幅“相对的全景”。虽然起始于类型学的方法，但以“不定论”的结局应对“不定性”的对象似乎是此次研究文本的唯一选择——面对恒常而迅猛的变化，任何定论都只能是临时的。

拼贴都市

作为中国发展最迅速、资源最集中的城市之一，北京无疑具有太多可以被描述和被探究的内容。但最核心的特征是“拼贴”与“混合”。历史旧物与时尚元素“换头术”式的直接嫁接、超大尺度与极小尺度心安理得的并置、奇特新锐建筑形式毫不迟疑的即拿即用……对于“奇诡”和“意外”的包容，让北京成为一种“被实现了的超现实主义”。可能产生的问题还来不及反思，即在发展的诉求下均被悬置。

亚洲的都会往往都呈现出一定的混杂特质，以同为东亚超大型现代都会的东京作比较，东京的杂交可以清晰地梳理出是土地属性、市场需求、功能主义共同作用的产物，而北京的混合现象则要复杂得多。两地的食物、人物乃至日常事物可以形象地说明个中差异：北京的味道是豆汁爆肚、铜锅羊肉与西式奶酪、泰式咖喱共同飘香的味道；是胡同大爷摇着扇子唠嗑和一街之外 OL 正装款步走过高端写字楼并存的味道；是军区大院、大杂院、新建高密度小区相邻的味道；是可以把摇滚现场放进四合院的味道……由于文化和体制的变迁，北京的城市空间也变得无比芜杂多义。而东京街头，市中心的建筑和远郊的民宅并没有太多品质上的差异，地铁上无论中年青年，男人女人，一水的衣着整齐，正襟危坐，就像日本的食物，永远只有一种味道：日式酱油。

研究方法

北京是一个腰缠万贯、体态健硕的中年人，时而雄心万丈、志得意满地欣喜于已有的成就，时而又陷入严重的自我怀疑和未来焦虑，因为只有他自己清楚自己日益增长的胆固醇和高血压（人口密度）、城市动脉硬化（交通堵塞）和繁荣背后的债台高筑（大城市病）。无论是突然兴起的“补墙补洞”或是“疏解非首都功能”都是这种焦虑的自我调节机制，药力很猛，效果究竟如何，还有待历史的检验。

我们研究的方式是：以北京典型的既有城市案例（单体或群组）为对象进行采样，对其进行类型学的分析与比较，从中发现城市背后隐藏的运行逻辑与原理。表达的方式是我们常用的将文字、图解、轴测与照片的结合，力求做到简单明晰。

蒙太奇

自从爱森斯坦的《蒙太奇论》将蒙太奇系统地阐释为电影里常用的拼贴手法之后，百年来它以一些看似平平无奇的手段，实现了大量经典电影中的时空转换、叙事引导以及情感控制。很难用任何一种既有的建筑理论来描述北京复杂的都市杂交现象，但电影蒙太奇却忽然给了我们启示：它在空间、时间、叙事和心理操作上的无穷戏法，恰恰能与当下北京的城市逻辑产生遥相呼应。

蒙太奇是一套将不同事物剪切、并置和重组的手法，恰恰是它的中立性放任了情节的主观性。北京的拼贴背后潜藏着一套蒙太奇的程序，一些句法是确定存在，却从未挑明的，它只在城市规划者、政客、开发商、大众和城市自身的集体无意识下发生作用。

爱森斯坦在“垂直蒙太奇”中将多声部蒙太奇的组接方式与管弦乐总谱进行类比，得出他们的共同特征是“许多线索的同时运动”。图像与声音的组成破除了各自单向水平延展，而变成了在垂直向度上的彼此叠加，从而形成了运动、光线、情节被一种越来越强化的主题和声部纠结在一起，每个蒙太奇的特征也被放在系列中进行考量，这是蒙太奇的现代性所在。这种进化不仅在电影中，甚至在音乐和绘画中也可以完全找到等值的关系——在爵士乐中一切都是立体的，倾向于造型性，节奏有了刚性的棱角，正如立体主义绘画一样，多视点、多时空的表述取代了单一视点。他得出的重要结论是：垂直蒙太奇的手法如同爵士乐，对应了当代大都市的建筑景观。传统古典城市的透视和现实的深度感被各种无规则的超大体量所打散，被无纵深的灯光、广告所吞没。而这与我们眼中所留下的当代北京的映像如出一辙。

BEIJING MONTAGE
摩天楼的变异

第 1 章　摩天楼的**变异**

自 20 世纪 30 年代摩天楼作为一种基本句法覆盖了整个曼哈顿之后，近百年来它作为大都会的象征和最高效的土地利用方式，迅速在世界各地蔓延，成功地改变了各个中心城市的天际线。越过花哨的表皮和看起来多样化的形体，追溯到本质的程度我们最终不得不面对这样一个令人沮丧的事实：所有的摩天楼都没有超出它最初的基本范式：一个作为中心的核心筒 + 多层标准层的复制，所谓的差别无非是表层用的是幕墙还是石材，新古典或是纯现代，经常玩弄的技巧无非是顶层收束或者底层架空，至于那些裙楼的变化则更是与主体并无关联。一言以蔽之：没有根本的突破性进展。就连世界第一高楼——迪拜哈里发塔，也仅仅是“更高”而已。

北京作为中国的首都，以 2008 奥运为契机启动的城市化进程，其影响一直延续至今。这波城市化浪潮的遗产今天看来有利有弊，但伴随着强大的都市发展势能，却意外地收获了几个极具创新意义的作品。如在空中相连成整体的多孔摩天楼“当代 MOMA”；向天上和地下两个方向发展的纯现代主义群组“建外 SOHO”；以一个大型玻璃罩将塔楼和裙楼全部聚合成簇的艺术化商业中心“侨福芳草地”；以及那个颇受争议、却出位创新的立体摩天楼“央视新总部大楼”……这些大型“城市人造物”均是散点的方式存在，为摩天楼类型学的发展提供了新的可能性。

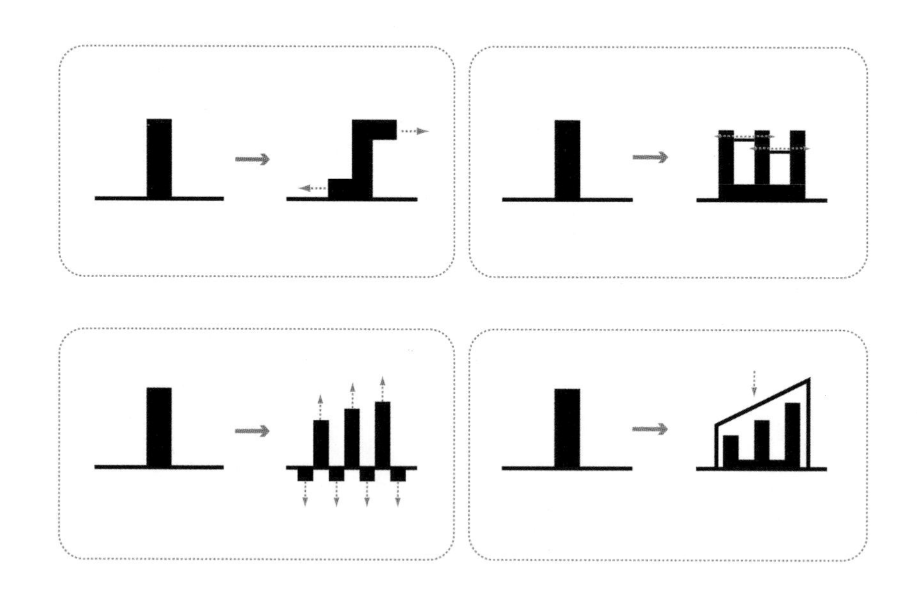

当代MOMA百老汇电影中心
爱剪单
VR美发
美甲
SOHO

1.1 均质与差异

建外 SOHO@ 国贸

建外 SOHO 的出现曾经引起了一时不小的轰动，除了面貌的新鲜之外，从未有一个中国的商业地产项目在境外的主流建筑媒体上获得如此多的关注。大多数国内的开发商和民众并不明白这个纯白的、体量简单的、看起来不断重复的建筑群到底有什么魔力。

其实，以上令大众费解的三点正是它最特别之处：白、纯粹、重复中的细微变化。由日本建筑师山本理显操刀设计的这组建筑群，秉持了最正统的现代主义原则——自柯布西耶和密斯以来的传统，白色表皮、模数体系、透明性原则等等。它的特异性恰恰来自它与环境的反差：周边所有的高层建筑基本上都采纳了美式后现代主义的风格（或者说，一种在中国被本土误解后的现代主义）。这种风格彼此浸染，沿袭了漫长的岁月，成为一种不自觉的陈词滥调。

建外 SOHO（一期）九栋白色塔楼平面基本一致，体量随着日照方向降低，立面被以均匀的网格划分，一切看起来都很常规，但是它所带来的图景却是空前的。人们凝视着它，有一种令人不解的美感，数学秩序统摄全局，在重复中强调变化，相同轮廓的体量在垂直向度上升起，错落变化。易被察觉的是他对于现代主义原则的遵守，但不易解读的却是它在今天对于现代主义的突破：随机感。

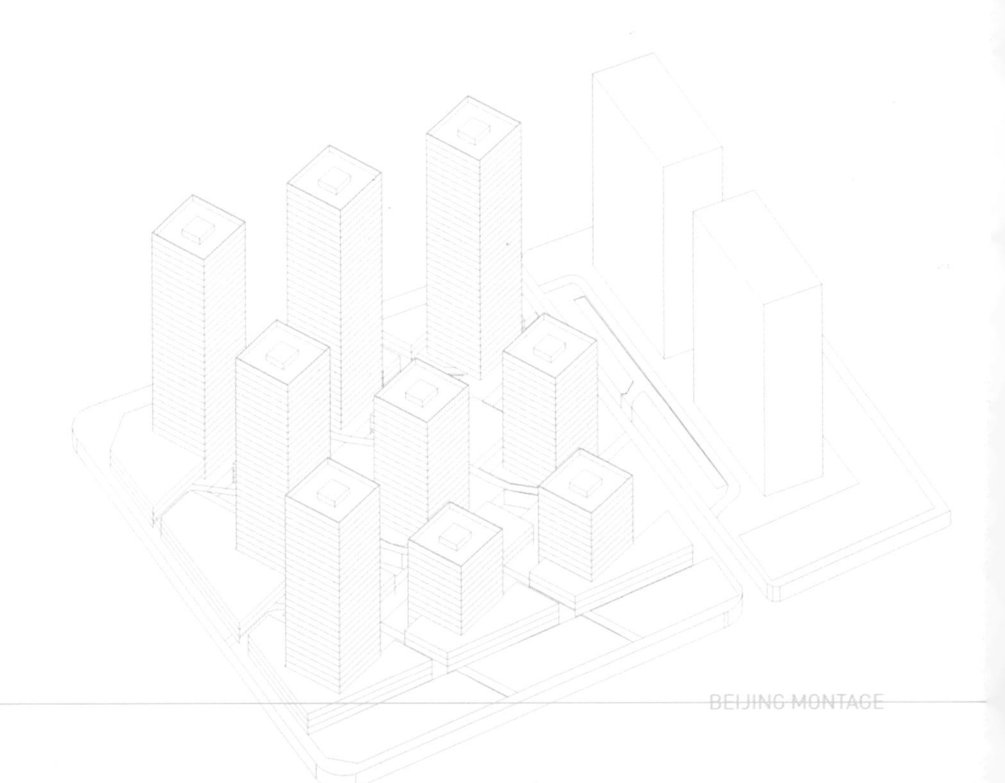

1.1 均质与差异

建外 SOHO@ 国贸

从规划角度看，各栋塔楼的位置并非遵守严格的等距网格，而是彼此间有些许的偏移和错动，小小的变化却打破了刻板的僵化秩序，赋予其一定的自然属性。另外一重处理上的精心考量在于绿地和下沉广场，它们也以散点的方式处于各栋塔楼的间隙之间，使场地呈现出向上和向下正负发展的趋势，各种连桥、通道纵横其间，一同构筑了一个三维立体的空间系统。

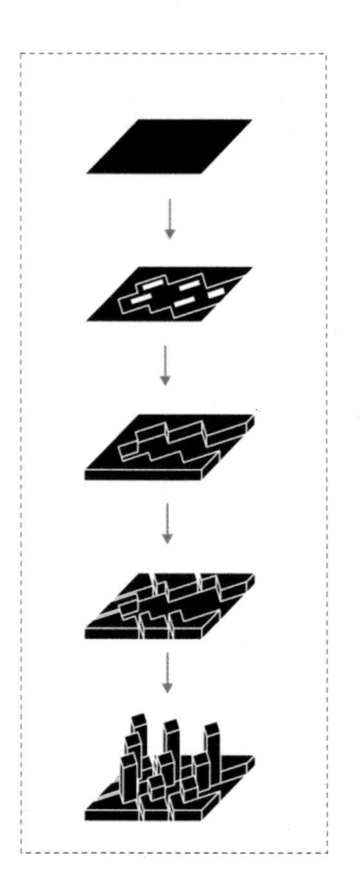

除了形式，建外 SOHO 与 CBD 其他写字楼或者商业中心相比在“程式”理念上做了全新的尝试。中国大量 CBD 的写字楼建筑，即使外形风格各异，但是均有一个共同特点：封闭性。写字楼如果不附带购物中心，则完全是一个仅仅对内部使用者开放的社区，从立面到出入口设置，均有门禁与保安，确保进出人员的纯粹性，这种做法的空间结果是：所有的高档写字楼最终都成了向垂直向度发展的封闭孤岛。因此 CBD 的办公楼白天人气尚可，但夜间则人去楼空，而普通市民则与这些核心地段的建筑没有任何关联。

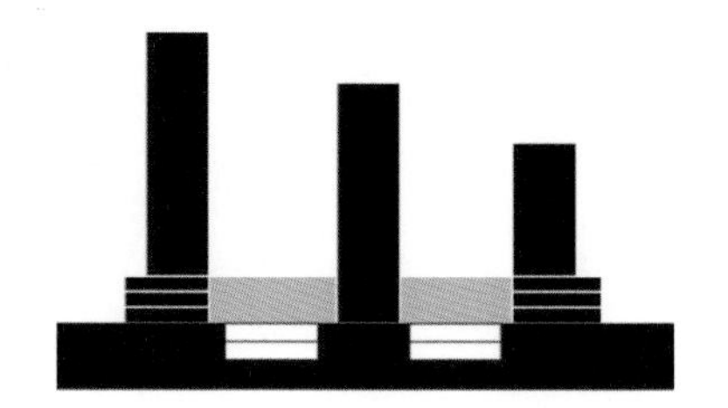

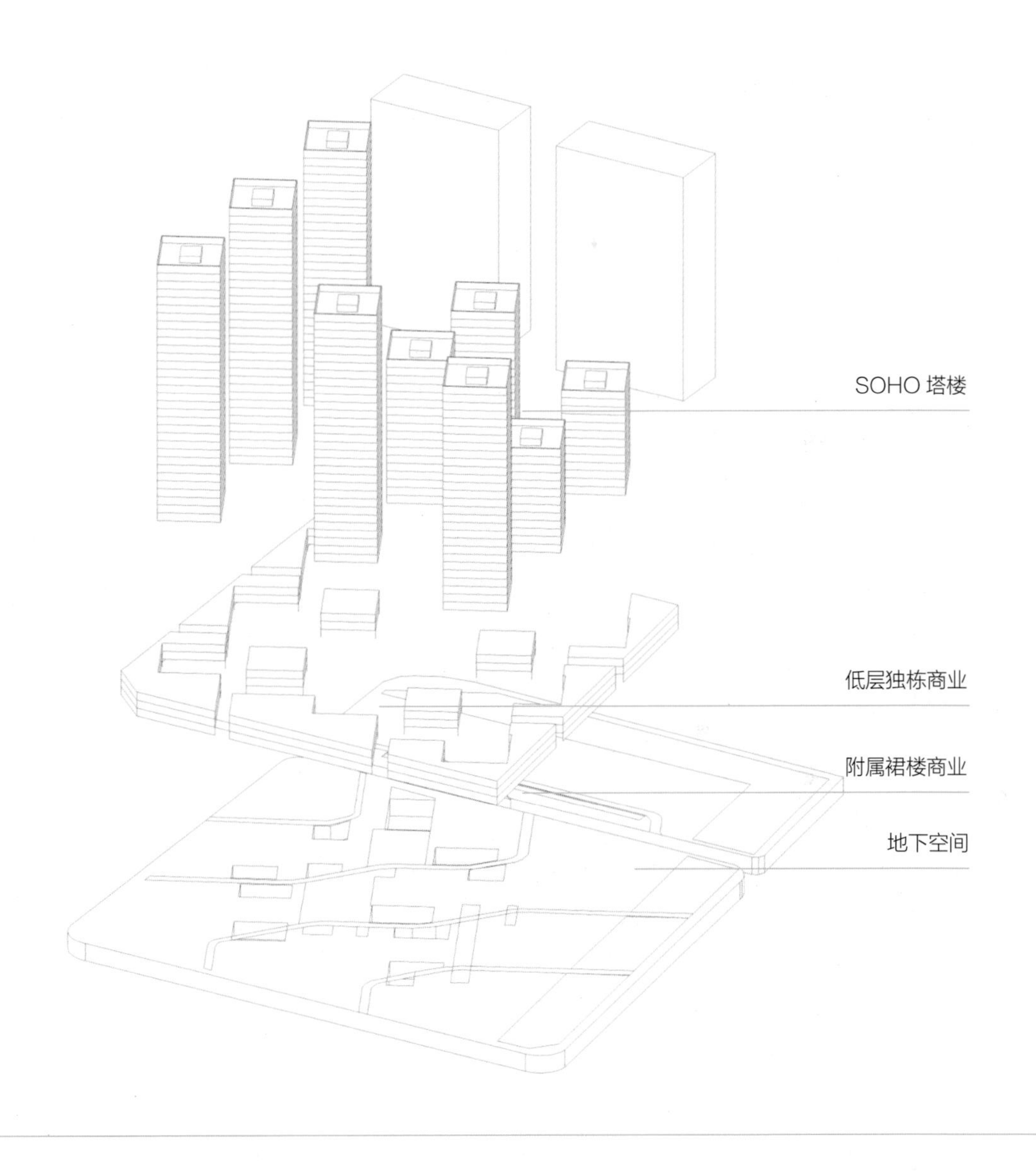

建外 SOHO 在底部设置了三层裙楼，内部且点缀了数栋叫做“Villa”的小型独立商业，所有商铺均有直接开向内外街道的出入口，使其底部形成完全自由进出的“街市”，各种小型商业如餐饮、服装、美容美发、礼品、培训等等与生活密切相关的业态均有入驻，这种“多向均质性”带来了开放的姿态，将人流像海绵吸水一样吸入。无论是白天还是夜晚，这里总是人流不断。SOHO 中国的负责人潘先生曾表示，他们遵从中国道家的无为理念，不对商业部分做统一管理，而是强调其“自生长”的状态，这是建外 SOHO 开放性和灵活性的部分成因。虽然业内人士多数认为，这只是为了将商业拆分出售，快速回笼现金流的一种诡辩，但的确为 CBD 的写字楼带来一种全新的面貌。

1.2 玻璃罩下的小纽约
侨福芳草地 @ 东大桥

侨福芳草地购物中心坐落在东大桥路，四栋塔楼由对角线方向逐层跌落，被巨大的偏棱锥玻璃盒子罩住，如同一座超尺度的水晶山，在周围一片“社会主义风格”的多层住宅簇拥下显得特别醒目。

芳草地的成功是令“商业地产精英们”始料不及的，他们曾经带着嘲讽的心态期待着它“注定的失败”。在开放之初，同行们蜂拥而至，他们无一例外地摇头：“这是个疯子的作品，完全不符合商业逻辑。”

按照“正常的商业逻辑”来看，这个城市综合体实在是太不符合“逻辑”了——玻璃罩子下面的中庭面积过大，空间浪费过多，对于商业无益；店面的设置和品牌的排列不符合一般商场的规律，品牌过于小众，排列过于随机，而上上下下的扶梯又让流线过于复杂……最让人费解的是，这个展场里四处布满了各类艺术品，绘画、装置、雕塑，而且件件都是名家之作，价值连城。这究竟是在做商场还是在做艺术馆?

没错，这就是它最大的卖点：商场 = 艺术馆。

将艺术品引入购物中心，并非没有先例，上海的 K11 数年前就已经做了尝试，但是，艺术品在其中的比例和数量都有限。而在芳草地，则是另外一种景象：艺术品不是被圈在展柜里，而是被“大方”地散放在商场的各个角落——平台、通道、入口，你总是能不经意间与之相遇。玻璃栏杆旁一个圆滚滚的红胖子正在向你傻笑，餐桌边一头愤怒的公牛正飞向天空，电影院前一堆纯净的几何体古怪地并置：艺术如空气一般，四处弥漫。

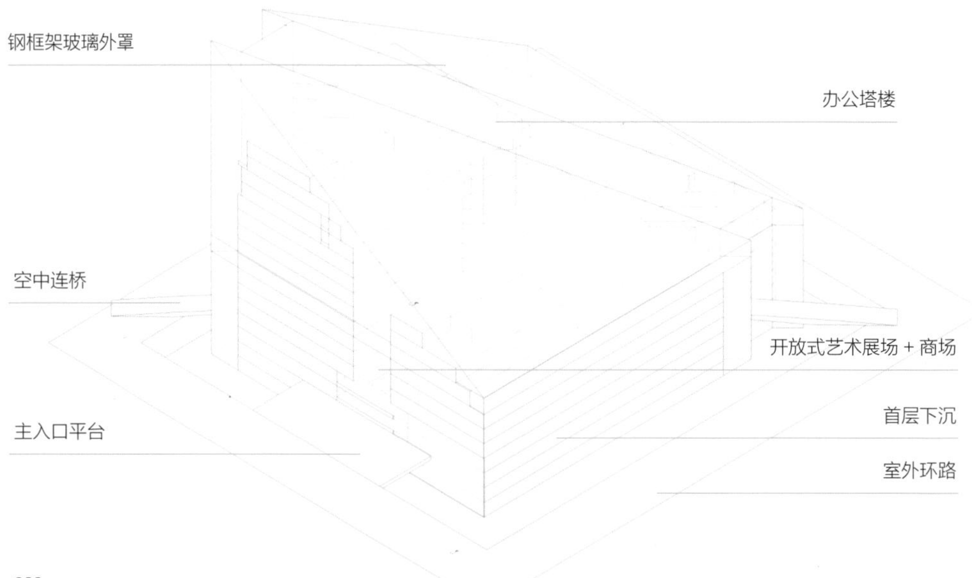

Van Cleef & Arpels
IWC
TESLA
LT
SUITSUPPLY
CHALLENGING
BEAUTY
TED BAKER
SWIM

1.2 玻璃罩下的小纽约

侨福芳草地 @ 东大桥

侨福芳草地是一个纯粹的“偏执妄想批判主义”的产物。这个城市综合体的缔造者（同时也是设计师），收藏了上百件达利的雕塑作品，正如他所倾慕的那位西班牙狂人艺术家一样，他也是一个地道的偏执狂。

侨福芳草地是一个被罩在玻璃罩子下的纽约 SOHO 区，这可能是多数人身处被数栋闪耀的楼栋包夹所产生的共同感受。人们惊讶失措地四顾，骚动不安——一切如此新鲜，却又不知如何评价。潜意识的某些位置被不停地撩拨着，芳草地深得超现实主义的精髓：几种互不关联的寻常事物以非同寻常的方式的并置。

艺术的先锋、商业的媚俗、钢与玻璃的工业感、特色品牌的时尚与奢侈、娱乐的松弛感……它激发了欲望的各个层级，互相对立，却又怪诞地和谐在一起。

这是一个最大胆的设计师才能想象、最有实力的业主才敢实践的项目，所幸的是，在芳草地，这两者的身份叠加在同一个人身上。购物中心的室内广场有一架红黑的钢结构步行桥被钢索悬挂在空中，沿对角线方向斜切整个空间。当惊叹于它所营造的锐利的空间感和张力时，人们并不知道，这其实是一个为了满足规范而设置的消防通道——功能与形式的完美统一。

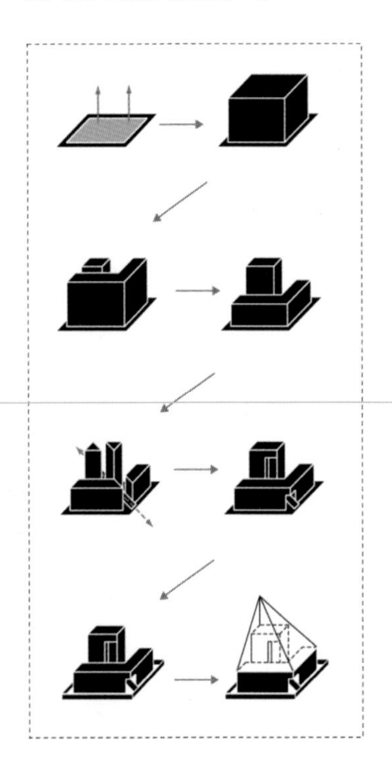

1.3 空间环塔

央视新大楼

虽然从方案问世那一天起，央视新大楼就充满了争议，但并不妨碍它成为摩天楼历史上具有里程碑意义的作品。戏称其为“大裤衩”暴露了中国大众一向仅凭视觉直觉来判断建筑的系统性审美的缺失。其设计者库哈斯的作品被伊东丰雄评价为“投石机式的建筑”，作为当今建筑界最具理论影响力的建筑师，他当然不会满足于仅仅做一个奇形怪状的建筑来哗众取宠，而是必定对既有建筑和社会做出批判性介入。这是一次针对千篇一律的传统摩天楼的挑战：不再是标准层沿着核心筒在垂直方向上的叠加，在地面和空中两个方向的水平延展，使其成为一栋真正的“立体摩天楼”。如果进一步深究，则会发现它在内部功能的探索上走的更远：为了回应媒体生产从采编、制作、播出这一无限循环的过程，塔楼被设计成封闭的环状形式，而内部程式与空间的布局正是按照媒体生产层层递进。建筑表皮上斜交叉的构造肌理正是力学传递的体现。这是一栋表里如一的建筑，形式与功能，结构与表皮实现了完美的统一。

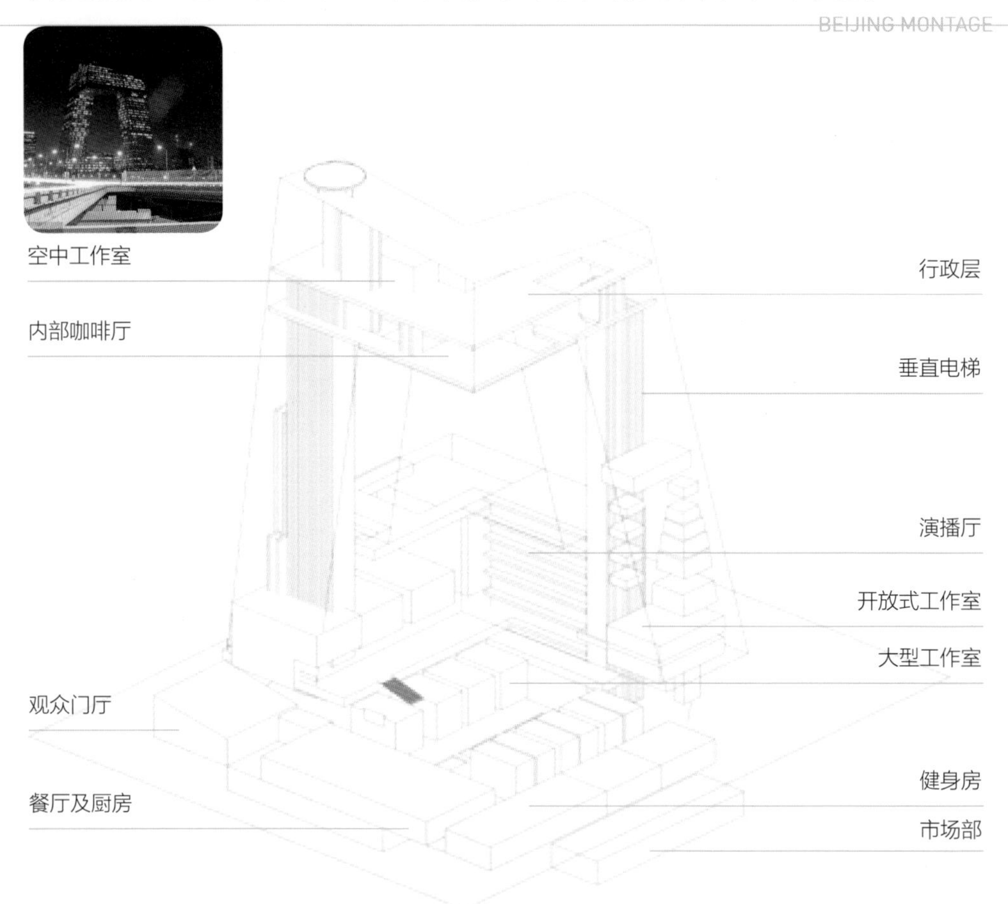

1.4 国贸金十字

“国贸金十字”指的是北京东三环被建国门立交桥划分的一片区域，东起大望路，西至永安里，北临光华路，南至双井桥。这里云集了北京最大规模的高档楼写字楼集群，也是各大跨国企业驻华总部、国内知名企业总部扎堆进驻的黄金地段，北京真正的核心商务区。

按照列斐伏尔的空间生产理论，当代城市空间以及与它有关的一切，都是生产剩余价值的媒介和手段。如同一切商品一样，是被策略性和政治性地生产而来。资本通过生产空间来逐利，而像北京国贸商圈这类最具有价值潜力的地段当然成为利益争夺的焦点。

世界上没有一个 CBD 是以高架桥为特征而命名的，国贸商区就是唯一一个例外。

国贸一期塔楼为中国改革开放后第一批现代建筑的代表，具有强烈的经典现代主义风格。深咖色的玻璃幕墙，局部为厚重的混凝土，倒角圆弧的平面……建筑的手法中看出与当时西方流行趋势的主动接近，却在集体主义的意识形态前犹豫不决。整个国贸片区以此楼为名，

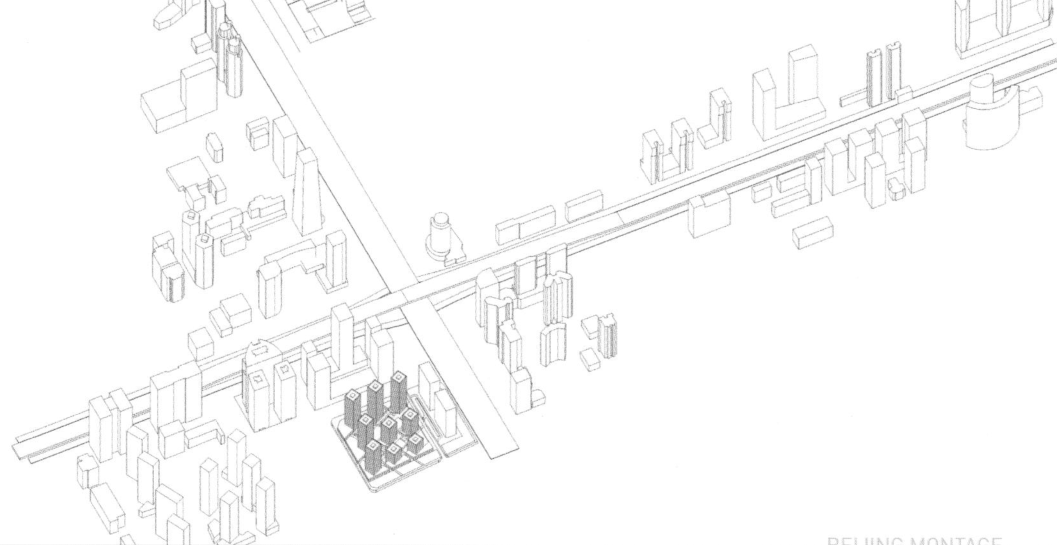

可见该建筑在当年的影响力。当时的政要在 30 层高度俯瞰北京，心中第一次有了“现代都会”的感觉，但是他们恐怕也未曾料想，今天的北京扩张速度如此惊人。

如果单论建筑的规模，国贸金十字片区的建筑无论是高度还是密度，均不及上海的陆家嘴或是深圳的中心区，其中的成因部分来源于首都对于风貌的控制以及对于故宫建筑群、中南海等国家核心机构和传统皇都的尊重和避让。北京从未在发展意图上将自己定位为一个经济中心，但是由于中国自古以来一切行业对于权力中心的依附与向心作用，加之北方超大型经济中心城市的缺失，使北京一直担负着全国政治中心及北方经济中心的双重使命。

金地中心
新世界百货
WORLD DEPARTMENT STORE
WAL★MART
SUPERCENTER
沃尔玛

1.5 多孔光容器

当代 MOMA

当你驾车行驶在东北三环时，一组顾盼生姿的、在空中以多个连廊相接的白色高层建筑群组就会闯入你的眼帘，这就是美国建筑大师斯蒂芬·霍尔（Steven Holl）在京城的代表作。于 2008 年北京迎奥运期间落成，成为延续至今的地标之一。霍尔的建筑强调人与自然的联系，建筑成为一种媒介，将风、光、雨雪、味道、声音全部纳入人的五感。这也是他将当代 MOMA 外表皮设计成多孔海绵状的重要原因。均质的窗洞布满建筑全体，而彩色的侧墙被统一在白色的体表之下，当光线透射时则产生丰富的变化。据说建筑相连的灵感来源于中国古画《簪花仕女图》，象征着那几个手拉手的美艳女子。这也是京城为数不多的最早采用科技手段做到恒温恒湿恒氧的公寓项目之一，其方正的平面表明了在建筑朝向方面的自由度，而全封闭的窗户则显示了在内环境控制上的自信。

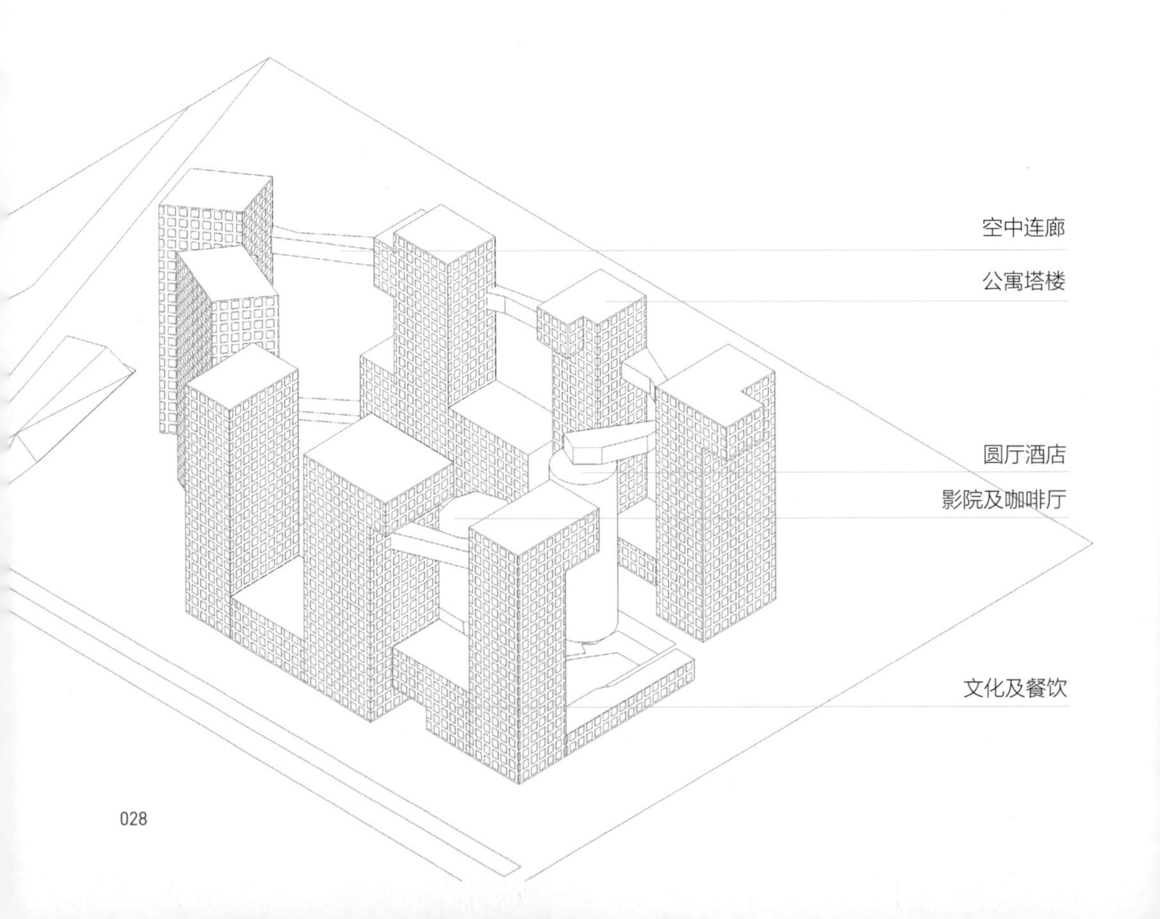

1.6 社区公共艺术区

当代 MOMA

从其名称“MOMA（现代艺术博物馆的代称）”可以看出开发商在艺术方面的野心。除了作为主体业态的公寓之外，这里兼容了酒店、影院、书店、健身等多种文化休闲设施。百老汇影院位于社区中心，是一块巨石状的独立建筑，被广大的水池包围，从河岸穿过小径进入影厅时，水面的波光映射在岩石的底部跃动不止，成为霍尔现象学关注的又一注脚。这个影厅的特色是容纳了独立的文艺院线，时常会有主流院线看不到的电影节佳片和小众电影在这里展映，并常常成为各类电影节的分展场之一。保持独立的态度是接近艺术的关键步骤。中心水景周边尚有纯粹作为观景作用存在的扁筒状瞭望台等一系列小品。而“手拉手”的悬臂部分实际上连接的是塔楼空中室内的公共空间，设计师的本意是将它们在空中连接成一个完全贯通的路径，但运营一段时间后，物管“出于私密性考虑”将其隔断。这与中国大部分此类公共设施的命运如出一辙。

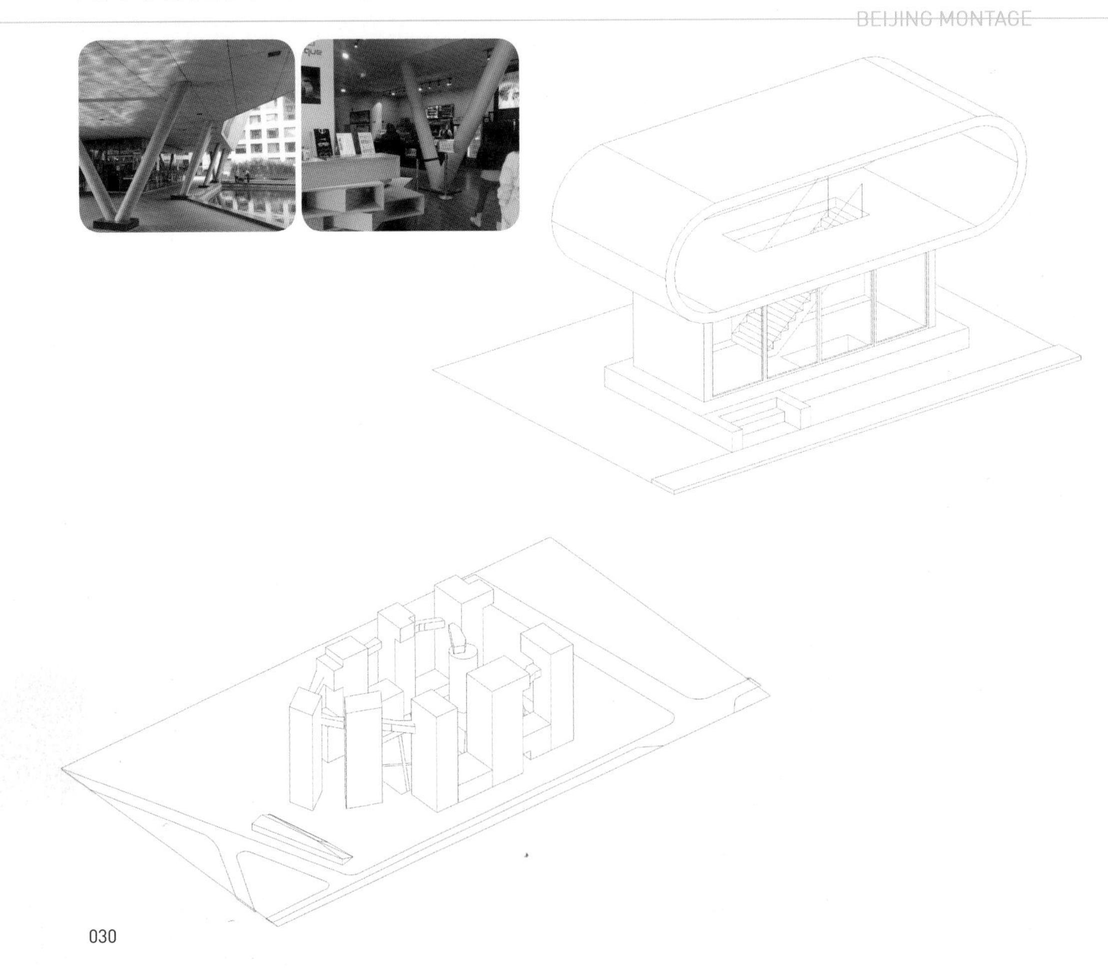

1.7 失措的弧线

三里屯 SOHO

由日本建筑师隈研吾设计，SOHO 中国开发的另一商业综合体项目。建筑平面采用了弧线的自由平面，体现了当代日本建筑师崇尚自然的建筑观。一些互成拓扑状态的物体随机的并置在一起，留出了底部开放的中庭空间。隈研吾将自己的设计哲学描述为创造“消失的建筑”，在三里屯 SOHO 他继续践行自己的理念，利用大量竖向错动的条纹幕墙板的语汇，对建筑体量进行细分和切割，不论塔楼和裙房都呈现出轻盈的状态。隈研吾对于细节有几乎偏执的追求，室内中庭部分采用白色格栅进行虚化处理，配以天花上大量的不规则网状装饰线条，形成整体飘逸朦胧的效果。中庭部分用一条溪水作为景观路径的核心，蜿蜒其中串联起一系列木质平台，成为大众休闲的场所。隈研吾整体的建筑设计本身完成度很高，而消极面仍然出在开发商对于裙楼商业的放任上。由于没有统一的商业管理，底部几层的商业业态呈现出极其混乱的状态，以至于虽然身处如此核心区域，这里的商户常常冷冷清清，无人问津。

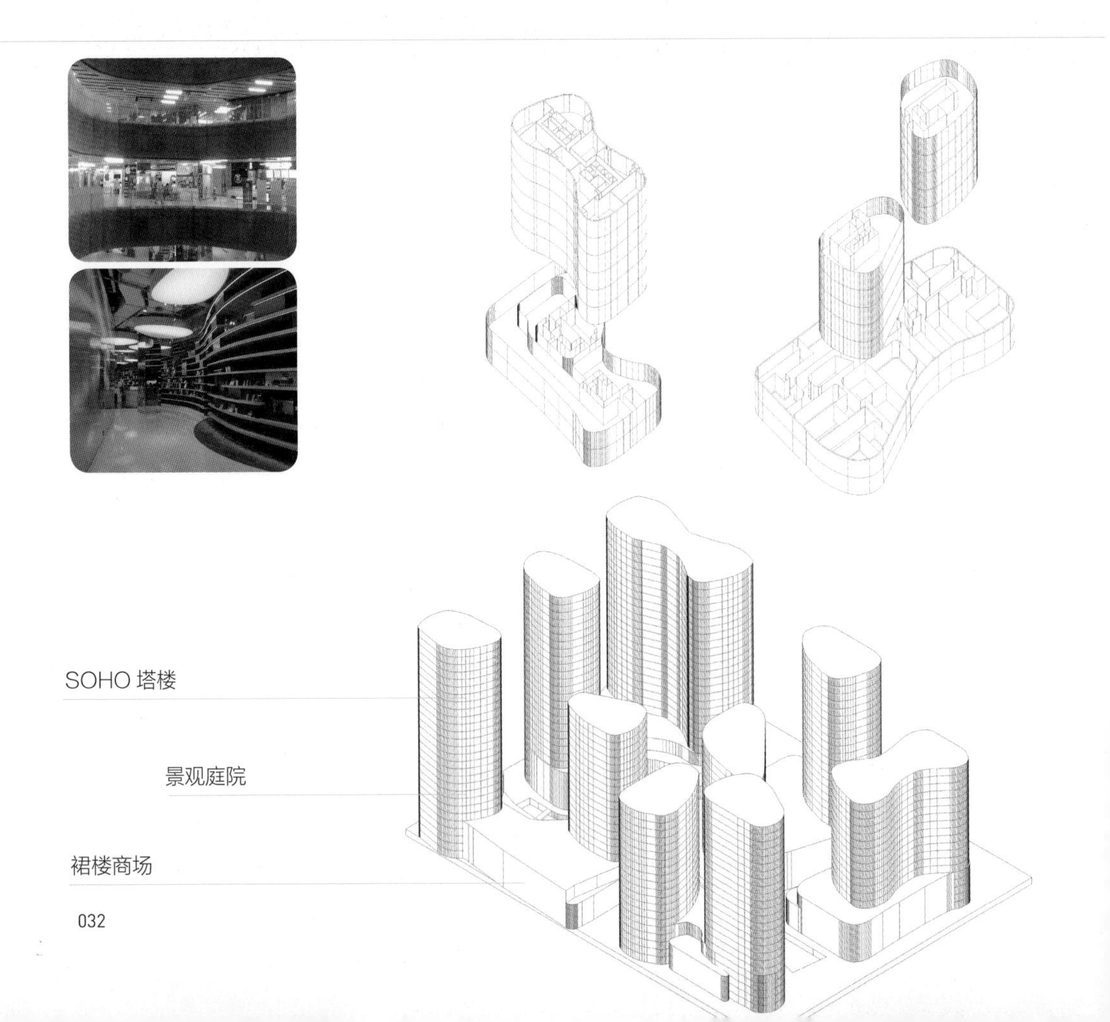

sweeo
COFFEE

1.8 复古拼贴

总部基地 @ 金融街

从元代开始，金融街一带即为皇家钦定的风水宝地“金纺街”，改革开放后成为国家级金融机构的聚集地。最初，进驻的是各大国有银行总部及“一行三会”（中央银行、银监会、证监会、保监会）等金融监管机构，其内向属性非常明显，成为决定国家经济命运的“财富高地”。近年来随着全球化合作加强，中国在世界经济作用和对外开放程度上的进一步提升，客观上使金融行业开始扩大与外界的互融互通，随着高盛、瑞银、摩根大通等一批国际金融机构的进驻，如今的金融街已经高度与国际接轨。

由于金融界中西方金融结构并存的局面，而各自又保持了强烈的自我特征，从城市实体的建筑风格就可以解读出其属性。金融街购物中心南侧大量国家级金融总部林立，仍然带有鲜明的“国企审美”，形体中正、中轴对称、三段分立、古典语汇等等，各种不同母题的装饰空间点缀其间，所谓的现代性只是部分地实现了，而程式创新则很难兑现；而北侧则多为外国公司在华机构总部，则建筑形体自由，布局灵活，立面简洁，作为纯然的商业与金融中心，它们的形式只需要关注大众和市场，却不像国企银行那样需要背负过多的“昭示自我”的负担。在外企金融结构与购物中心之间狡黠地插入了一个绿地广场，这里成为社交与休闲的所在，借助阳光和绿植，激发了新的都市活力。

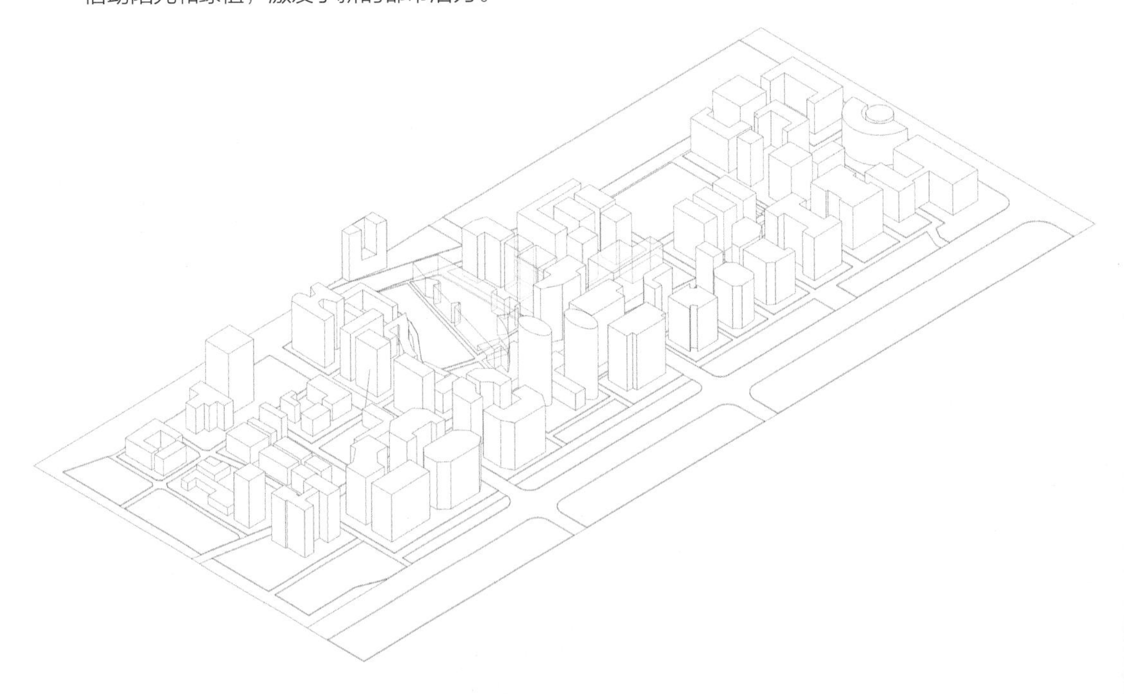

金融街
金融大街
中国联通

1.9 城市名媛秀

总部基地 @ 金融街

被白色铝板和蓝色幕墙套装所装点的城市名媛们，在道路两侧渐次排开，各种装饰在空中飞舞，每一栋都摆出自己擅长的姿势。她们是各大财团和机构的代言人，表面的镇定自若也难掩暗地里互相比试的心意。这种故作的隐晦态度在珠光宝气的装点下昭然若揭。

中国银行大楼是两组八棱柱与立方体的嵌套结合，通泰大厦如变形金刚一般高耸着双肩，而外凸的冠部与高耸的顶心又极易让人联想到官帽一类的东西。这仿佛是中国官事建筑统一的审美追求。概念的混淆和过度的语汇让这场建筑名媛秀与预期效果尚有距离，但在其所有者心目中，也许已经是极好的结果。

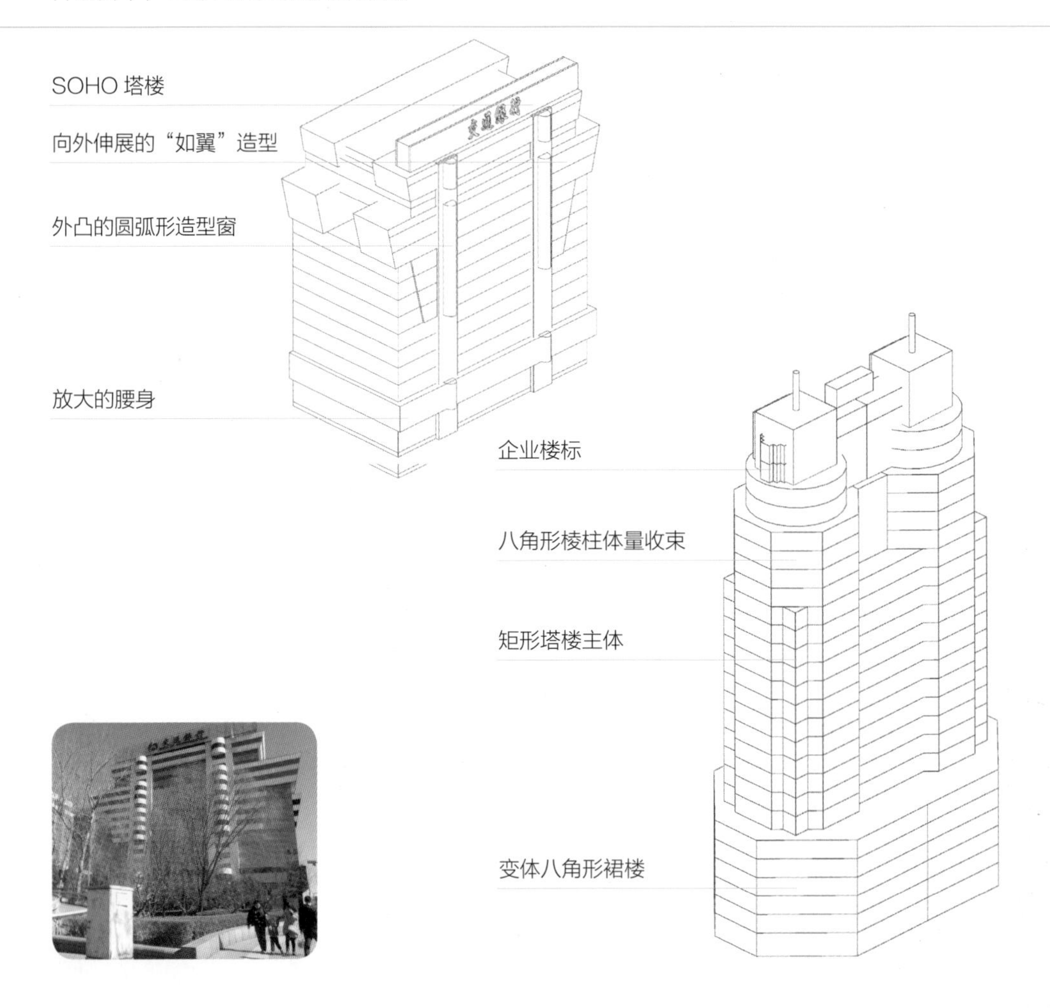

红马投资
中国银行
BANK OF CHINA
中国银行
BANK OF CHINA

BEIJING MONTAGE

文创渗透 工业遗迹

第 2 章　文创渗透**工业遗迹**

大工业时代厂房的遗迹，在被简单地清空、加固、整理，重新梳洗打扮一番，成为新时代当代艺术的展柜、艺术家的舞台。既要“尽可能保留现状”，又要“充分发挥其创造力”，如果“厂房改造为创意产业园”是一个“对于废弃物的保留性操作”，那么它本质上是对于“时

间”的操作。计划经济时代所生产的空间、图景与记忆，在艺术家和开发商的合力注入艺术与资本的血液混合之后，成为奇妙的价值宝库，历史与当下的混合物。

以北京最知名的工业区改造案例 798 为例，它本身就是一个大型的陈列柜，空间与流线逻辑近似于“购物中心（人类最后的公共空间）”。停留在废弃钢轨上的黑色蒸汽火车头，如同时代的封印；斑驳墙壁上隐约露出计划经济年代各色标语的红砖厂房，容纳了一批批艺术家的先锋作品，曾经颇具政治意味的严肃话语讽刺性地成为商业时代被消费的文化符号。观众举着手中的相机、手机，在嚓嚓的按键声中收集满存储卡的关于“艺术”的影像，成为朋友圈里另一种时尚（或文艺）的宣扬资本。

艺术本身也许并不太重要，让大家知道“我与艺术很近”这一点很重要。

艺术与商业的拉锯战从未停止，“中国式”艺术区似乎总是难逃最终被商业化的命运。从废旧厂房改造之初，以开放的姿态迎接大量艺术家进入，到逐渐成为北京东北四环一张醒目的文化名片，场地租金价格一路攀升，商业与艺术之间的争锋，商业一路进逼，艺术一直退守。风格凌厉或先锋的作品逐渐减少，取而代之的是更市场化、世俗化的亲民制作。画廊在减少，

商店在增多，艺术家工作室在减少，工艺品售卖在增多……四处充斥着全国各大旅游景区的小型纪念品，却因其身处“艺术区”而平白增添了一份神韵。位于北京东郊的宋庄也许就是下一个 798。

当然，北京并不仅仅只有 798，还有众多形式各异的工业建筑改造为创意园区的案例。比如广渠路“躺在深闺无人识”的“竞园”，前身是老棉纺厂，如今是高质量的图片产业基地；在寸土寸金的大望路地区由电影创作工业与媒体交互为主导的“东廊电影产业园”；又如由互联网公司与设计师共同打造、以孵化创意和设计行业新人为主的共享青年社区“燕京里”，其选择旧居民区中废弃的公共建筑的再利用以及对于共享互联的模式探索颇具实验性意义；再如伴随着“创业潮”而应运而生的中关村创业大街，将原图书出版街一夜之间变成了创客云集地，类“车库咖啡”的众多的咖啡馆与创客学院为“创客”与“投资人”这一当下最热门也最危险的亲密关系找到了独特的业务沟通场所……

不管创立的初衷如何可疑，这些欢腾的阵地至少为处在衰退中的城市机体注入了周期不可预测的活力。充满设计感的空间与工业的恢宏的叠加永远是稀缺的资源，尽管明知道这可能只是为了“引爆区域”而做的铺垫，仍然阻止不了时代的弄潮儿们趁着它的新鲜劲儿来此一搏。

2.1 面面俱到

组合式画廊 @798

一栋矩形厂房被三家性质完全不同的机构占据：首层为纯粹作为展示的画廊空间，内部被纵横隔墙分为大小不等的若干空间。二层为服装设计工作室，白色钢结构楼梯指示了它位于厂房侧边的入口。最奇特的是，位于厂房另一侧的空间：它竟然是一个二层通高的酒廊。由于另外两个大型空间的存在，酒廊的进深大约只有不到两米，但是它却仍然有条不紊地布置了展柜和品酒的座椅，以及不失优雅的其他家具。且不论酒廊是否真的与“艺术”有多少关系（实际上，随着商业化的深入，798 已越来越缺乏纯粹的艺术空间），仅仅就其利用空间的精准和效率来看，仍然可圈可点。

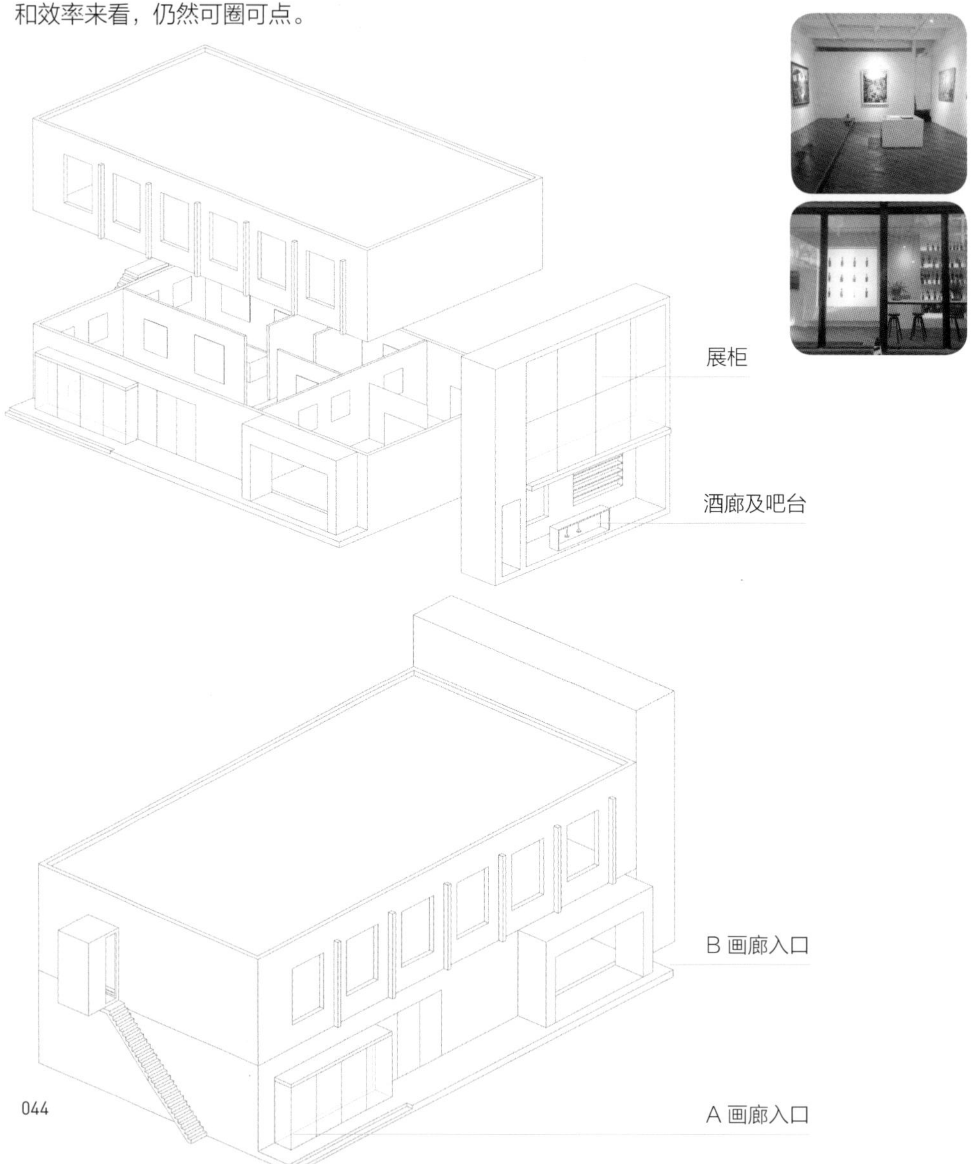

画廊
TONGGALLERY
WHISKY AROMA

2.2 庭院深深深几许

杨画廊 @798

798 的展览馆并非都是处在醒目地段的大型厂房建筑，随着近年场地租金飙升，纯粹的个人画廊越来越难以应付大面积空间的巨大投入，相当一部分小型画廊或艺术工作室开始转入隐蔽位置的小型空间。“杨画廊”是来自新加坡的业者，在 798 的大通道内长年经营一家展馆。此处为其分馆。场馆入口在横街上一个不起眼的平房内，除了入口并无展示面，主立面尚且被另外两间画廊遮挡。进入后首先将经历几重展厅空间，由于采用了纯白墙面和两层通高处理，整体空间出乎意料地高敞。在 L 形体量的尽端是简洁的咖啡厅，设计师嵌入一个卵石铺地的围合内院，玻璃隔断使视线向庭院完全开敞。这个静谧的内庭是整个空间序列的高潮。

此画廊是典型的在简陋环境下以内涵设计取胜的典范。

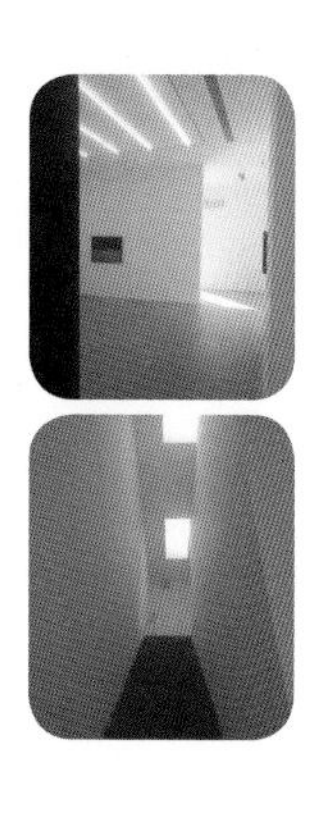

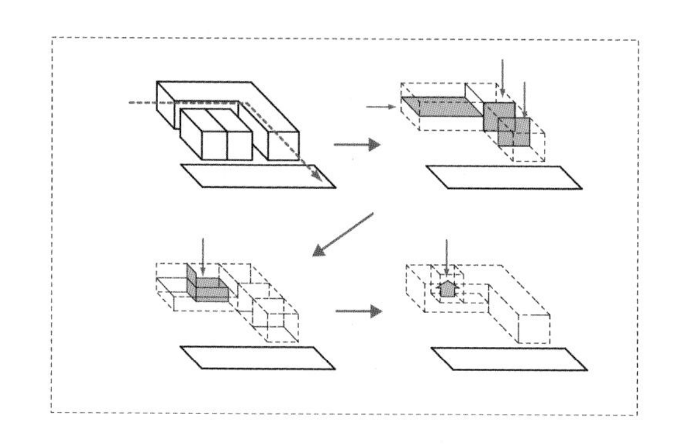

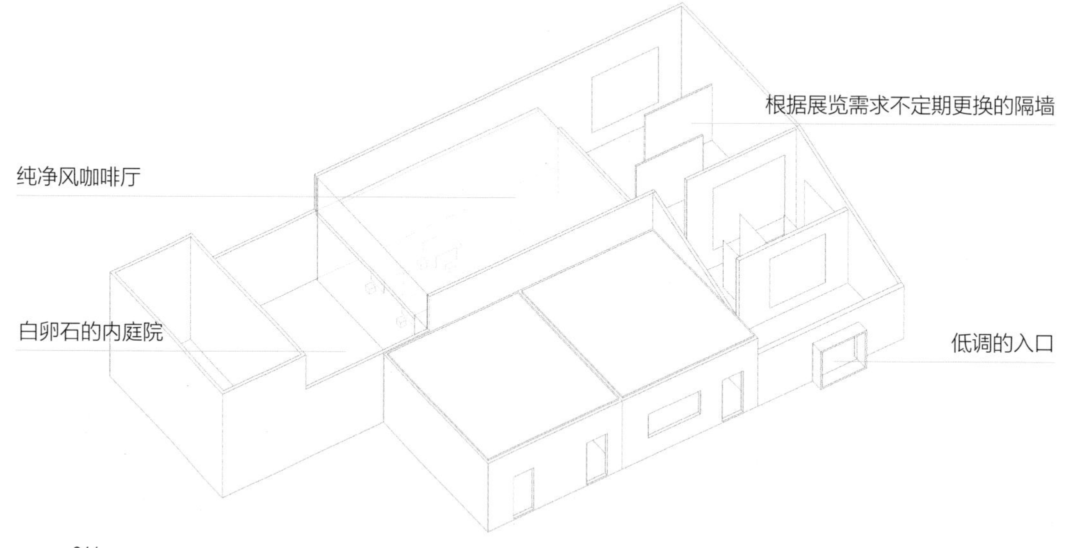

2.3 暗香浮动月黄昏

植物园餐厅 @798

绿植成荫，花香四溢，在一个宛如植物园的环境中用餐是何种体验？

本质上这仍然是常见的主题餐厅类型，而“绿色”并非绝对新鲜的创举，它却给人一种强烈的“仙境”体验感——秘诀在于“它位于798”，一个以厂房和红砖为基调的创意园区。“绿色”正是这里最稀缺的元素。绿色与工业风的结合，前者带来了柔性和氧气，后者以硬酷简洁的面貌保持了高冷的调性。

柔与刚的搭配是精心考虑的：餐厅主体是两层的长方体厂房，而入口处则加建了异形的玻璃温室和外摆桌椅。在进入餐厅之前，顾客将被温室内各类奇花异草和透明的瓶瓶罐罐所吸引，而此空间也成为外摆区的景观。顺着狭长的木质楼梯拾级而上，经历犹如峡谷般的体验进入真正的用餐区。黑色水泥自流坪的地面，现代风的桌椅间距很宽，四周与上下都被绿植环绕，每个局部均有充分的机会直面自然。

植物园餐厅创造了工业区里的一个新的情境模式：借助一个人造的丛林，冷硬的厂房外壳被消解，人类粒子得以在限定的自然里自由游荡。

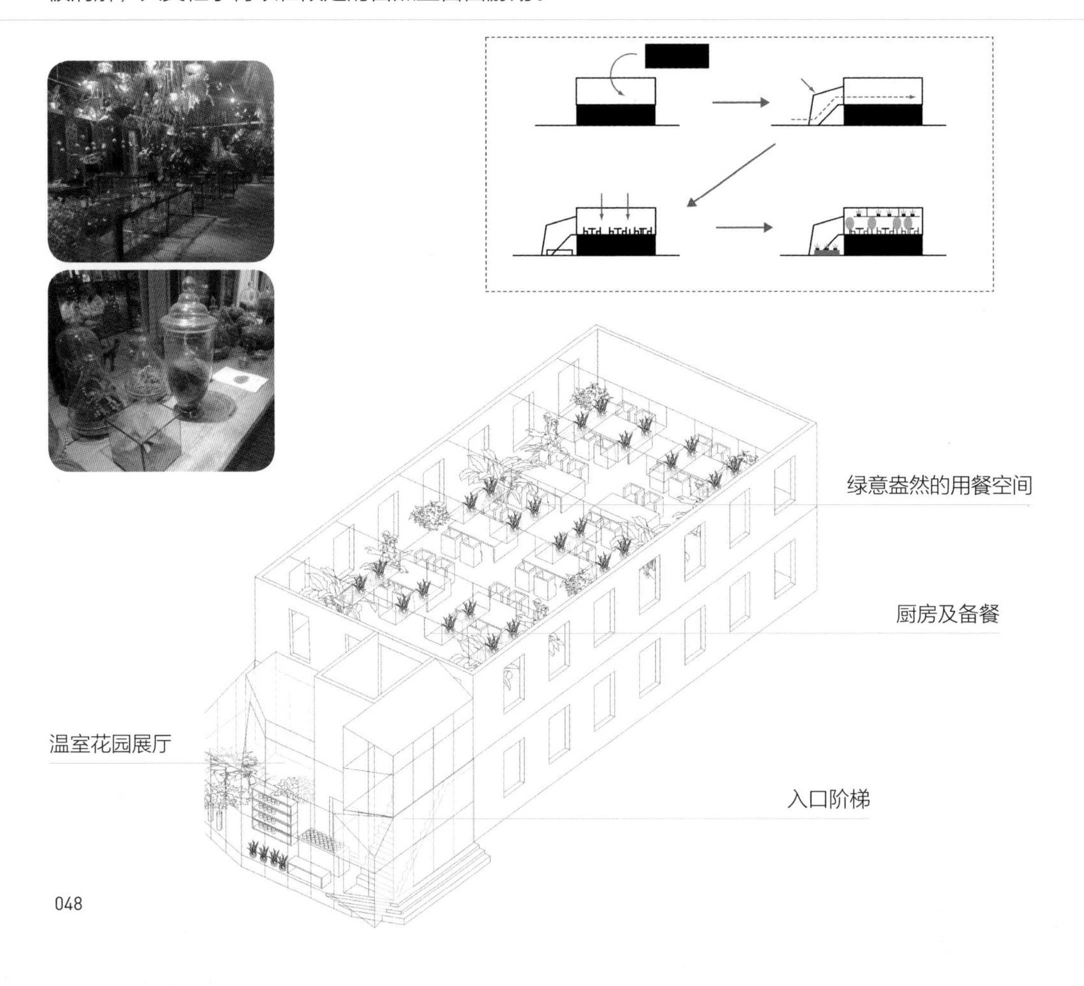

A11
BOTANICA 植物园

2.4 今古二重奏

小柯剧场

小柯剧场是 798 一个独特的存在，由音乐人小柯所创办。数千平米的厂房空间专属于个人，在今天的 798 是颇为奢侈的事情。这个剧场是多种元素的杂糅：不仅是外观上，更是功能上的。红砖元素在二层以构成敦实的体量，也是剧场两层通高空间的所在，顶部的线脚和中间的收分都具有西方古典三段式立面的暗示，剧场的首层立面被打开，透过大面积透明玻璃，可以望见里面方式风情西餐厅的白色桌椅和用餐的人们。它变得难以精确描述：新古典的立面容纳了前卫风格的剧场，而纯现代的外观下则是指向欧洲古代贵族趣味的用餐方式。今与古的意向在此处叠加、反转、对立、融合，仿佛一场弦乐的二重奏。

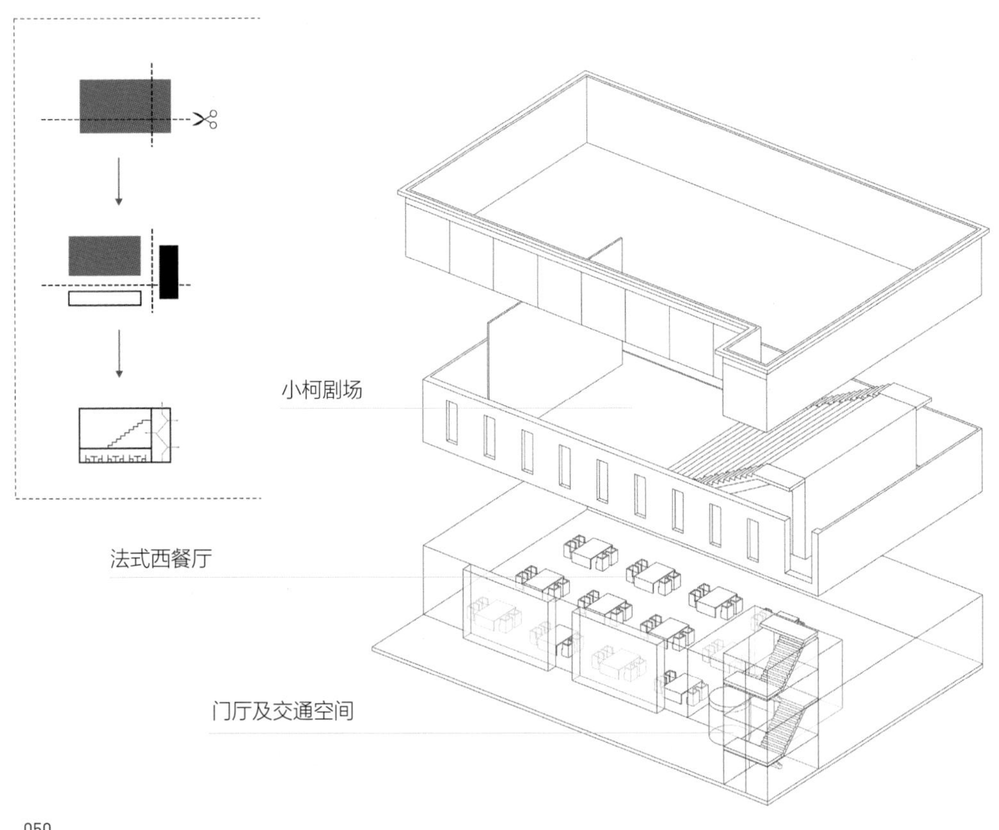

小
柯
剧
场

2.5 犄角旮旯

三角展厅 @ 798

铁路桥桁架下一个遗落的条形空间，曾经为桁车的机房，如今被改造成小型商业展示空间。金属波纹板的表皮随着桁架的坡道形成三角形屋面，而下方空间则全部打开以玻璃面包覆。中央实体部分内退形成一个四周连通的展示回路，目前被一家做金属人偶的商店占据。

三角展厅的环境颇为重要：一侧是旧铁路和蒸汽火车头，另一侧是绿植餐厅，而一街之隔则是小柯剧场，顶部更有桁架通廊。相较于以上任何一个体量，它都是微不足道的，但是，处在它们中间则不同——它成为所有环境要素中的一个不可或缺的局部。

这是在夹缝中生存却充分利用周边环境为自身增值的代表。

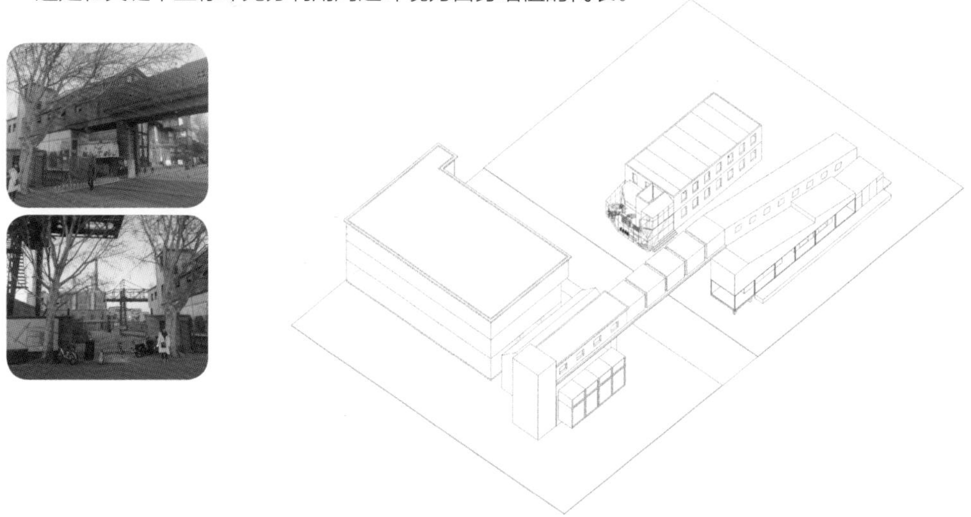

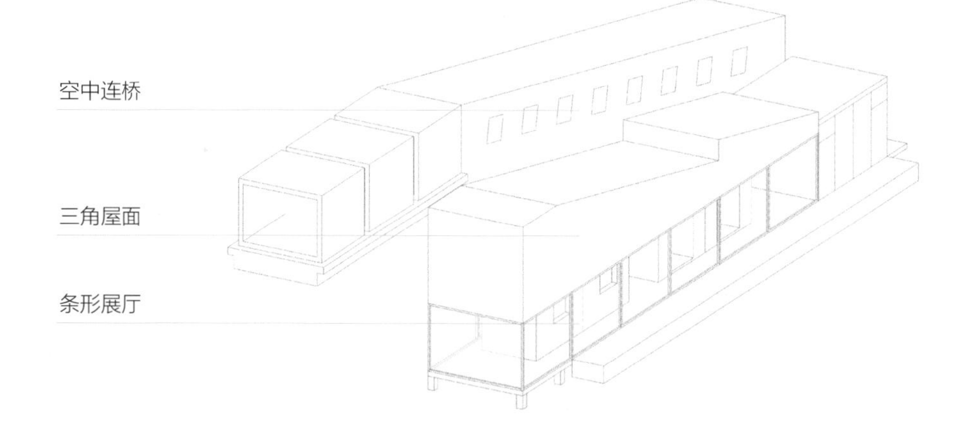

2.6 精密文化发生器

歌德学院 @ 798

更多广义的文化机构开始进驻艺术区。德国歌德学院就是境外文教机构在北京设置的文化交流场所。进入连续弧形屋面的开敞厂房空间，里面是典型的密斯式的流动空间：若干风格简约的布艺沙发围合成开放的休息区，靠内侧墙壁是长条图书馆和阅读空间。场地中央的黑匣子为小剧场，定期上映德国经典电影或者实验短片，银幕上闪烁不定的黑白画面交织着各种相关或相离的意象，浓重的噪点，冷郁的画风仿佛法斯宾德灵魂附体。空间另一端全透明玻璃隔断围合出的现代办公空间，这一切以一种低调的性冷淡风格让来访者迅速陷入对于欧洲 798 工业文明的遐想中。

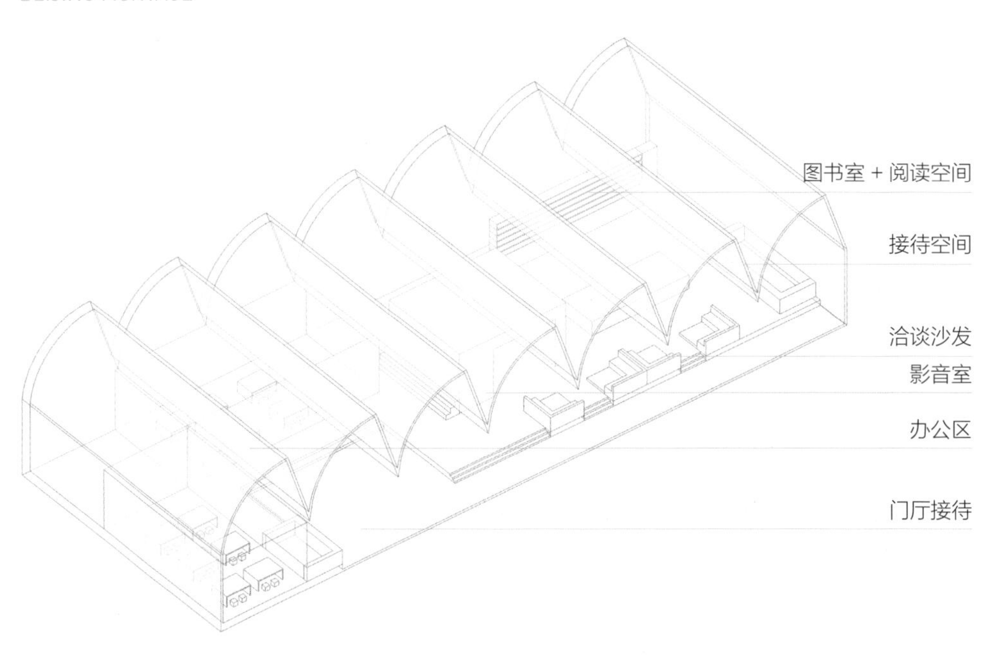

2.7 闹市桃源

东廊电影产业园 @ 大望路

在寸土寸金的国贸商圈，东廊电影产业园的出现显得非常突兀——它仿佛被空降到这片区域。它的存在令人费解：周边建筑都是尽可能向天空延展争取容积率最大化，东廊却悠然地占据了大片面积，仅仅容纳了两层的产业园空间。看似部分由厂房改造而来，但大部分其实为新建建筑，这一点从砖的平整度与建筑的细节都可以辨别。长条形的体量被各种电影传媒公司与文创工作室占据，包含了动画、后期、影视、宣发、工作室等多种形式，也不乏一些家具、文玩、广告等打擦边球的企业，临街面理所当然地给了餐饮行业。媒体工作室均相对开放，在内街上就可以看到他们的工作状态，这也成为一种变相的企业宣传。

工业时代的骨架被披上具有小资情调的红砖外衣，填充入一切“泛电影”的产业内容，是当代北京文创园援引历史、制造艺术“弧光”的惯用策略，却总是在反叛精神与矫饰主义之间游移。

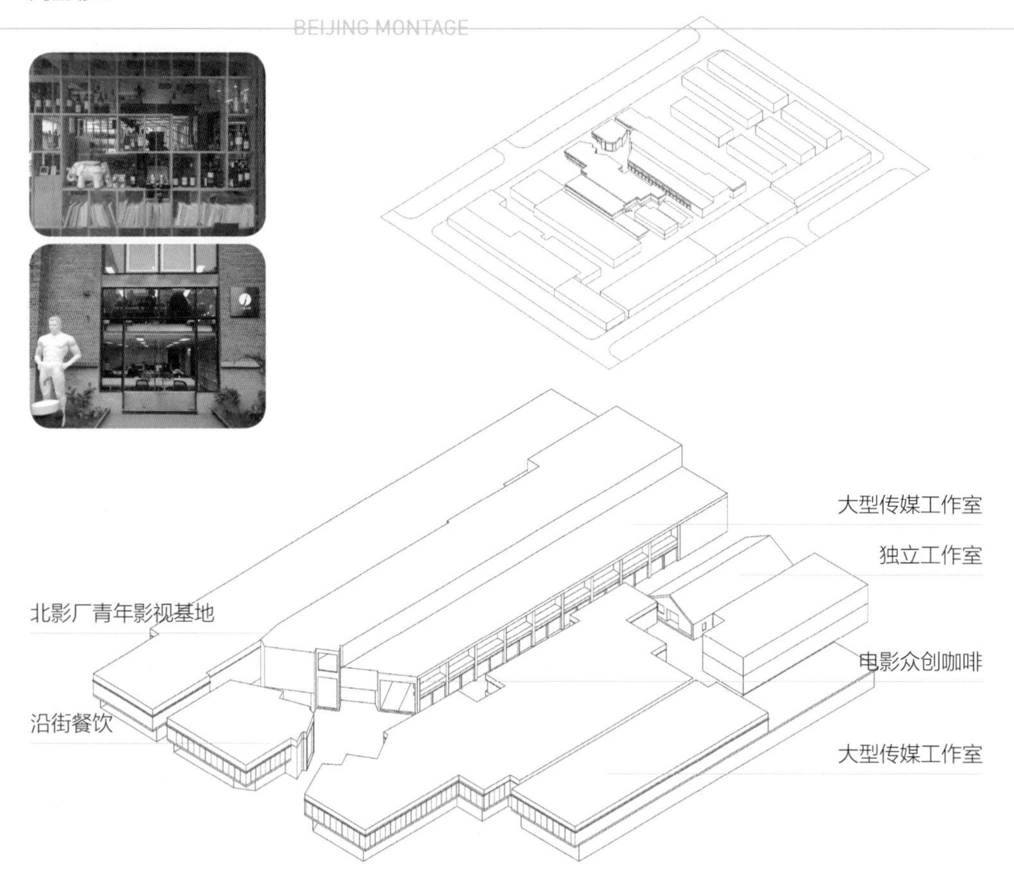

2.7 闹市桃源
——东廊电影产业园 @ 大望路

东廊电影产业园没有 798 的规模，也没有竞园的专业齐备，但是从它开业之初就迅速吸引了大量专业人士的注目。也许步行徜徉其间，不经意间就能在街角的咖啡厅偶遇某位知名电影制作人或者演员。是什么让东廊具有如此吸引力？首先当然是它的区位。其他产业园大多处在城市的边缘或者郊区，而东廊所在的大望路地区，一方面是北京的金融商务中心，另一方面也是交通便利的要冲，除了紧邻地铁，更是向东出京的必经之路。在这里聊项目，说白了就是“倍儿有面子，倍儿方便”。

另外一个隐性的吸引点，则是东廊还有一家核心机构“北京青影厂影视创作基地”。位于园区中心的咖啡厅立志要成为“电影界的车库咖啡”。随着近年来电影网络化的发展，互联网资本大量注入，许多年轻导演和团队获得了前所未有的机会一展身手。此咖啡厅背后的资本为众筹网站，定期举办电影创作方与资方的接洽会，成为年轻电影人的摇篮。

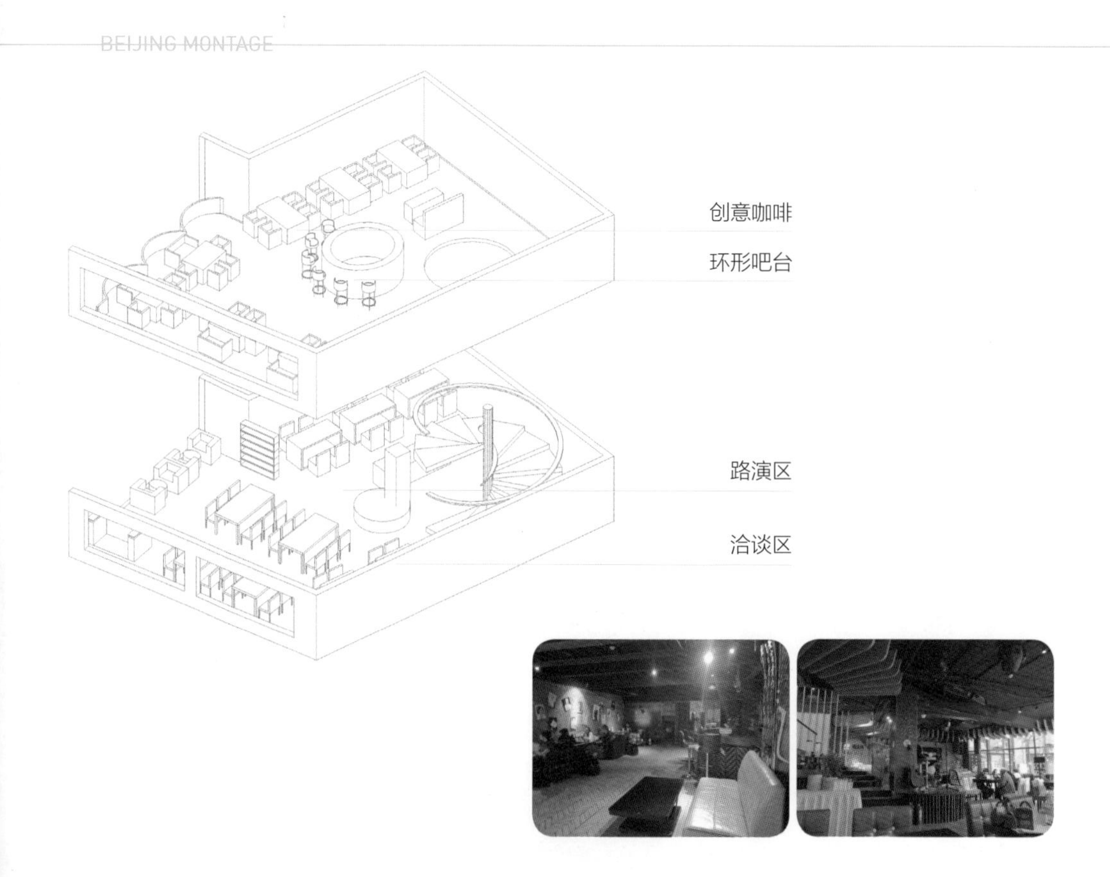

观众网
版权置换投资
剧本交易空间

2.8 先锋大院

燕京里 @ 甜水园

“比起民国老北京、‘文革’大字报更标签化的视觉形象，我们更想展示一种：裹藏中西文化冲突的、意识形态差异的、高速的、变化的、难以简单概括的剧变中的时代。同时我们不想用复制的方式去再现类似‘80 年代集体回忆’这样的母题，而希望以新的、当下的视觉语言去重新表述他。”主创团队如是描绘它的创意初衷。“燕京里”是当地地名“延静里”的谐音，地处甜水园街道，是将社会主义社区大院改造为新时代共享办公公寓的全新尝试。“传统大院”与“共享社区”如何兼容？这一命题的探索对于众多同类旧空间的再利用具有先行者的意义。它是国内为数不多的具有明确主题的共享社区——为野生独立设计师而建立。

燕京里的出现，是在平静的老旧居民区湖面里突然投入的一块石头，从属性上来说，它是反传统的，但从运营效果来看，它又是充分与老街区相融的。由于中国在城镇规划法规上的诸多限制，老城更新往往只能用“以点带面”的方式进行。燕京里恰恰是对暮气沉沉的传统社会主义社区的一次“针灸式”疗法。

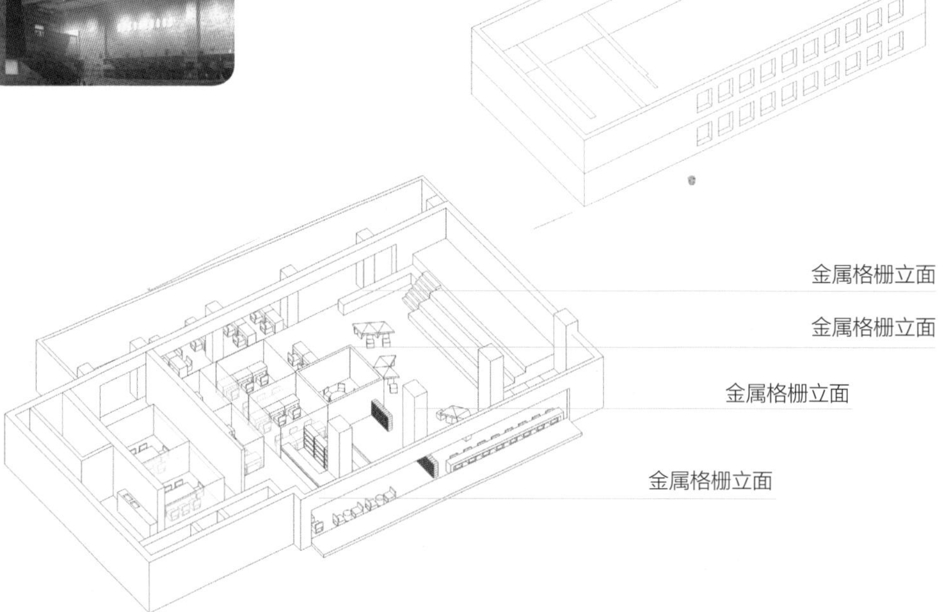

2.8 先锋大院

燕京里 @ 甜水园

社区提供精品公寓 70 间，联合办公位约 300 席及咖啡馆、极健身、青旅、无人便利店、自助洗衣房等便利社区配套。由一个大型开放式空间和嵌入它的一系列小型公寓及办公空间组成。为了有效促进独立设计师的发展，大阶梯教室内定期举办各类讲座及活动，主题从创意设计到民宿运营到共享互联千奇百趣。可自由拼接组合的三角桌、靠窗边的长条桌椅及玻璃盒子的独立隔间为“随时随地”办公提供了可能性。“燕京里”还纳入了新的大数据系统对于办公空间监测和评估，比如可以用手机预约的工位，对于个人使用频率与习惯的统计甚至是能耗的管理统统有迹可循，便于对空间利用进行不断优化。作为一个定义为“野生设计师孵化器”的共享空间，燕京里从一开始就有明确的常驻人群，聚集了京城颇有个性的、曾经散生的青年设计师群体。从整体的设计风格到每周举行的交流活动，全部是设计师导向。入口照壁上巨大的线描风格的建筑画、用空心砌块堆积的地台以及空间层次分明的看台，无处不在的设计元素和建筑师趣味都在无时无刻地强化着部落的属性。

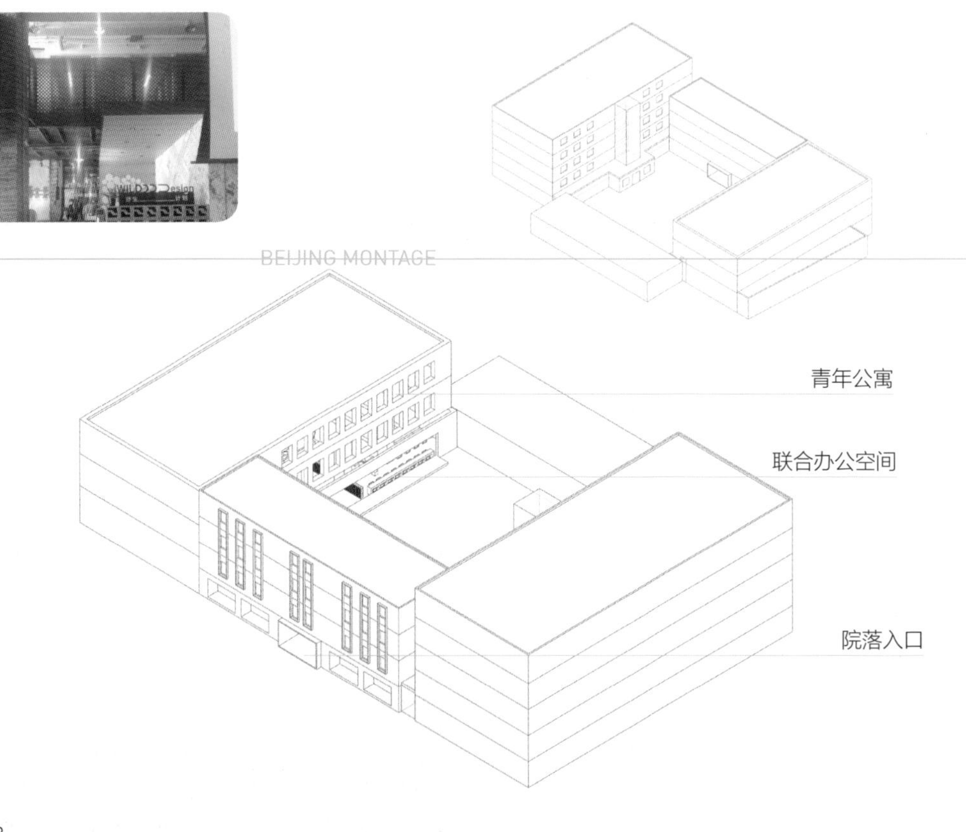

健身
mono
CAFE&BAR
迅捷网维电脑
服务热线：010-65007510 51249903
中国移动
China Mobile
手机专卖店

2.9 大隐隐于市

竞园 @ 广渠路

地处在居民区与高架路的包夹之中，本应刺激肾上腺素的文娱活动被压抑在无人知晓的场地深处。在北京冬日雾霾笼罩的寒冷空气中，由厂房改造的创意园更显出一种如“寂静岭”般超现实的空寂与紧张。

建筑面积达 6 万平方米，保留完好的、拥有 50 余年历史的老棉纺厂厂房贡献了兼具工业感与怀旧感的恢宏图景，横平竖直正交的街道，在网格中被限定边界的建筑体量，绝不会迷失的坐标透露出庄严的理性，它所象征的刚性力量被每一处注入的时尚趣味所溶解和软化。改革开放后落后产能的强制中止，若干年的沉寂与荒废，直到近年来资本力量的重新注入带动濒死区域的复兴。自 2007 年开园以来，吸纳了摄影、传媒、广告、演艺方面的多个知名机构入驻，集聚了大量国内外先锋摄影师以及艺术家，建立了各自的工作室。园区内数十家专业影棚，来自传媒界与广告圈的众多创意人士、穿梭往来的摩登模特与时尚明星，让竞园正逐渐成为北京新的时尚地标。新时代消费主义的紧迫感让各类新来者迅速完成了分治和自我宣讲。

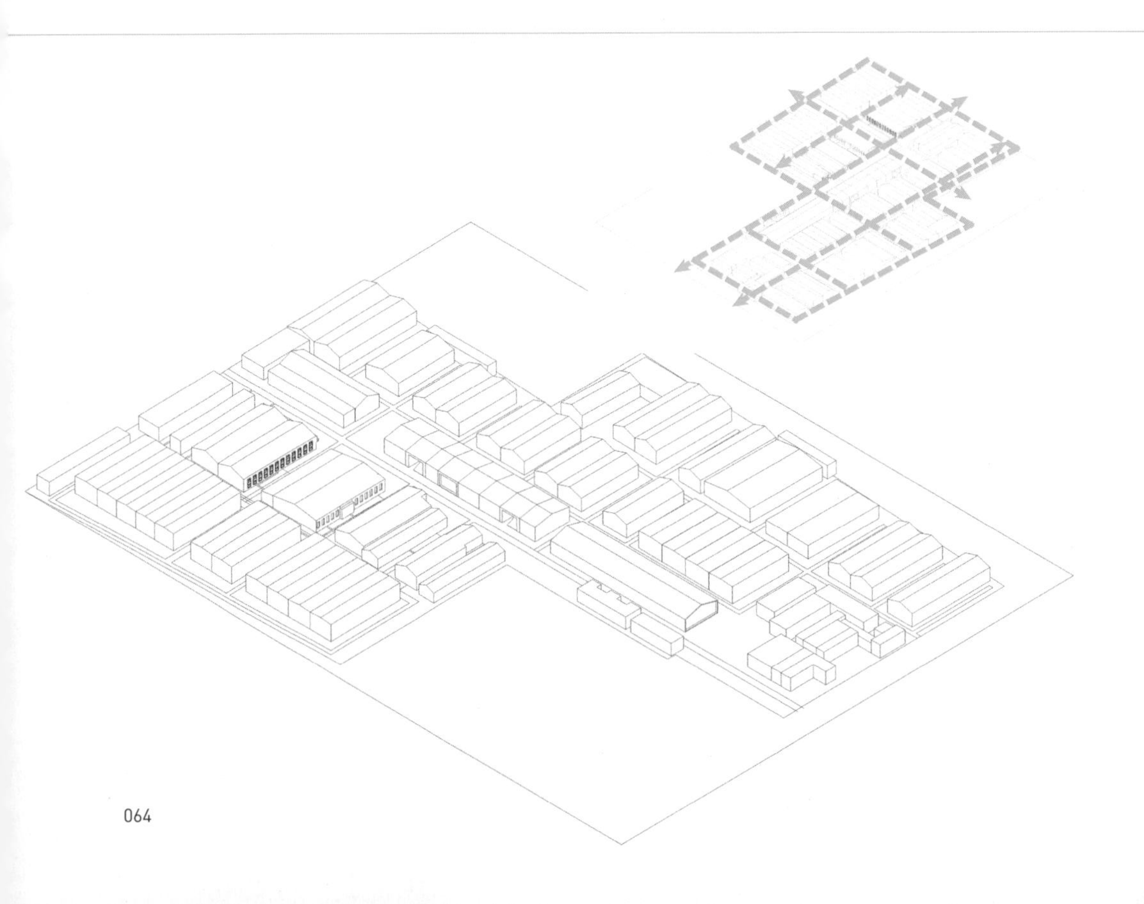

2.9 大隐隐于市

竞园 @ 广渠路

如何在不改动原有基层的前提下将时尚气质最大化？所谓时尚感绝非将新加部分作为装饰元素贴附于原建筑表面的庸常做法，而是一种白内而外的彻底更新。改造的方式如同“冬·虫夏草”，将原有寄主的躯体慢慢蚕食之后，却保留了躯壳，最终在其上开出新的花朵——二者以一种再生的方式合二为一。就像是睡梦中自然流露的呓语，砖墙上打开缺口，退台制造了灰空间，工字钢和玻璃在砖墙的表面上有节奏的交替起舞，进退有序的轻盈体量成为原有序列的悦耳音符。

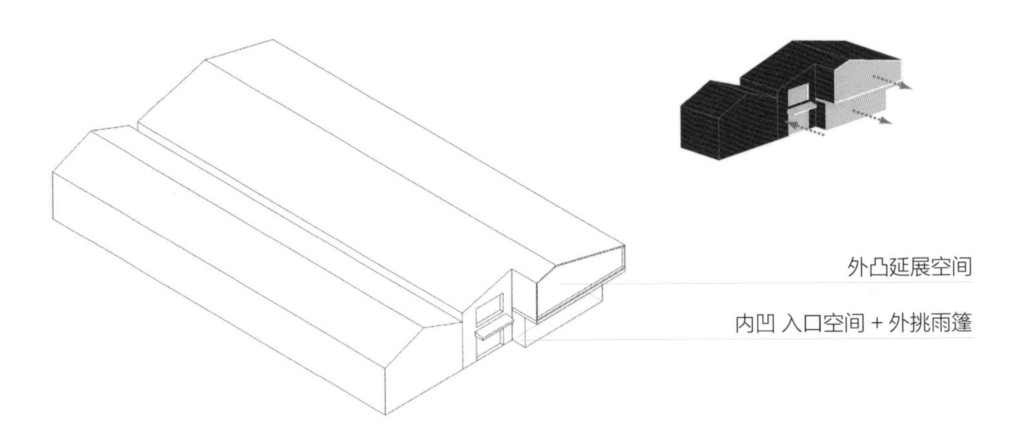

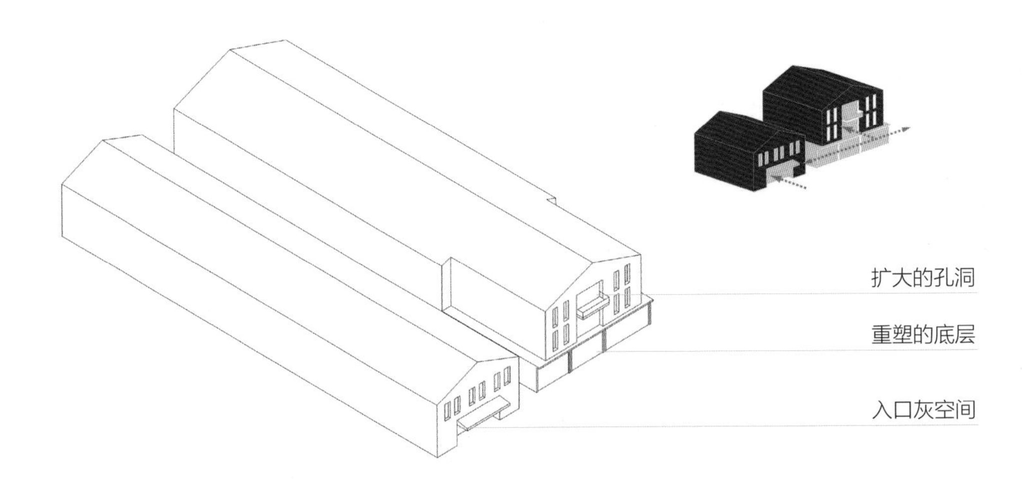

2.9 大隐隐于市

竞园 @ 广渠路

图片产业是竞园主打的产业类型。这里既承接场地租赁、摄影培训、创意拍摄、后期制作、图片交易、艺术策展、艺术品拍卖、出品出版，是京城知名的图片产业的链条整合者。按照柯林.罗的分类，透明性分为“物理的”和“现象的”两种，那么竞园的透明性无疑是属于后者。均质的玻璃面后面突然出现的大空间，在平滑的层次后转变方向的内墙和柱子，都暗示了一系列空间在深度方向上的叠加，这无限接近于立体派的双重网格和柯布西耶的纯粹主义绘画。巨石体量与极少主义空间的两套系统在不断交叉互文。而环绕厂房的绿树和门外的休闲座椅则让这层关系变得更加暧昧。

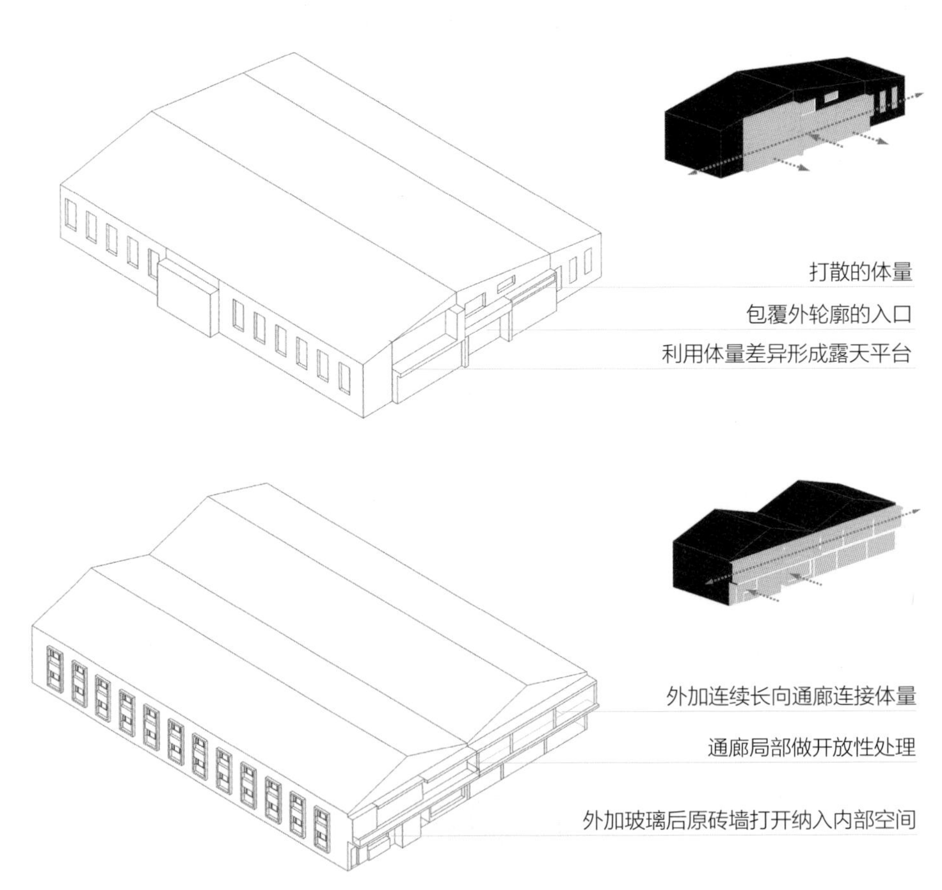

21A
竞园

2.10 创客龙门客栈

车库咖啡 @ 中关村创业大街

自从“大众创业、万众创新”成为一种国家战略，仿佛一夜之间人人都变成了创客。就在数年前，传统的中国信息科技中心——中关村还在因为互联网对于产业的冲击，而无法面对电子产品卖场的日趋凋敝，创客时代的来临就为这片热土找到了新的出路。在中关村的西边，有一条 220 米长的“中关村创业大街”，这里是全中国创客的集散地。这里看不到服装店和商店，只能找到创客咖啡、创业学院和路演交互机构，而多数则是以上三者的集合体。车库咖啡是其中具有极高知名度的一家，创立于 2011 年。二层是创业者与投资人经常聚会的公共咖啡厅，只需点一杯咖啡，就可以在这里坐上一天，与来自全国各地的创业者与投资人交流你的项目与愿景，耳朵里最常听见的是痛点、情怀、估值。吧台的一侧还有若干小型会议室供投资人与创业团队深入交流。每天午间的路演时间，任何团队都可以上台分享自己的理念，并同时准备接受他人的拍砖。这里有最自由的空气，没有人会嘲笑你不靠谱的梦想。但自由并不能保证你的成功，这一场全民创业狂欢，90% 的创业者在一开始就死在了沙滩上。“浮躁”与“功利”是多数创业者共同的问题，没有过硬的技术，没有面对孤寂的准备，没有长期培养用户的耐性，仅凭听几场演讲，做几个 ppt 就能创业成功，结果必然只能是成为时代的炮灰。

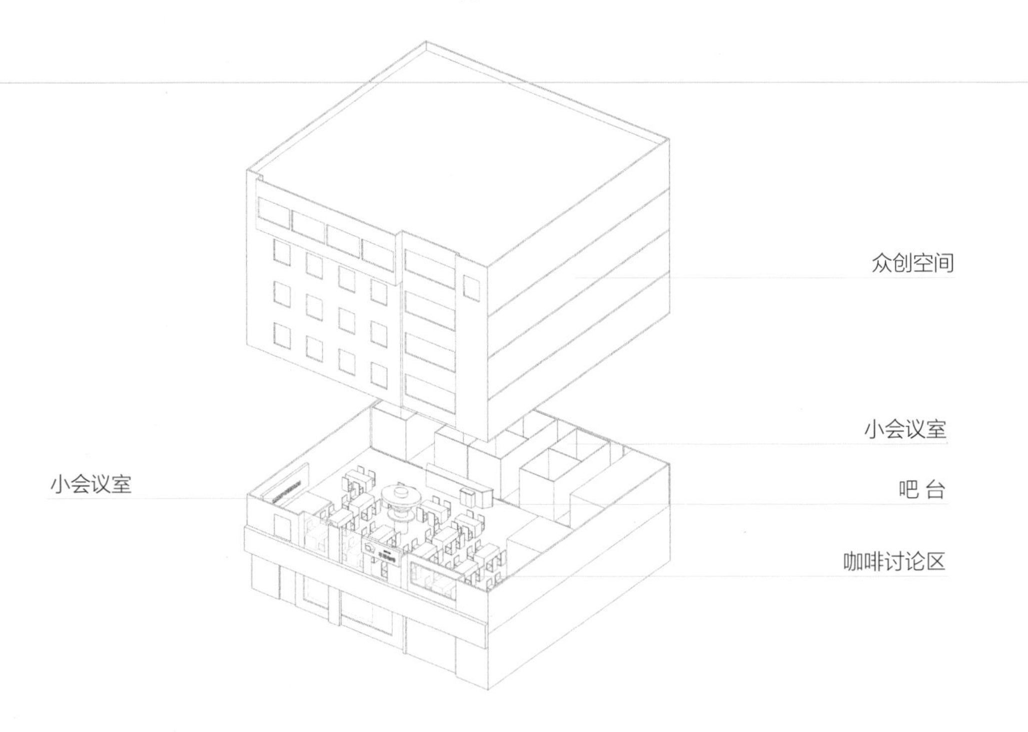

创业之路
The
Garage Café
车库咖啡

BEIJING MONTAGE

古今共生

第3章　古今共生

最有“京味儿”的去处在哪里？但凡来北京旅游必去的那几个著名的胡同区：什刹海、南锣鼓巷、前门大栅栏、琉璃厂……“传统”是生活在现代文明中的都市人对于地方特色最直接的追溯目的地。可是奇怪的是，老北京们自己却对这些地方并不感冒，主要原因是“变了味儿”了。也许正是记忆中的地道北京味儿变没了，才越发令他们扼腕叹息。

什刹海的历史最早可以上溯到北魏，由人工开挖，元朝建都时成为宫城布局的重要依据。历经几朝发展，到了清代达到鼎盛，沿湖两岸住满了各类王公贵胄，成为达官贵人休闲享乐的风雅之地。在建国初期由于普遍寡淡的社会风气，其娱乐氛围销声匿迹了很长时间。在20世纪90年代被列为历史文化保护区之后，又赶上了改革开放的浪潮，于是其娱乐属性被再度发掘，成为新时期文艺潮人的聚集地。

但是按照所有中国历史风貌区一旦开发就“不可避免地走向庸俗”的惯例，什刹海也难逃过度商业化的命运。开发初期的什刹海尚且是“藕风轻，莲露冷，断虹收。正红窗，初上帘钩”的风雅之地，京城文化圈及文艺圈名人也时常光顾，短短数年之后则成为廉价小吃、电音酒吧和全国通用旅游纪念品集结地。每天人头攒动热闹非凡，却再也难见到任何清雅悠闲的气质。

恭王府、醇亲王府、广化寺、郭沫若故居、梅兰芳故居……一众响当当的名字仍然能勾起人们强烈的好奇心，但这些遗迹观后感总让人觉得心生狐疑和遗憾。似乎清代北方建筑无论是官邸还是民宅，比之南方园林的隽逸清婉，总是差了些意思。湖还是那片湖，桥也还是那座桥，却只有夕阳晚照才能约略识别其曾经的从容气度。

到南锣鼓巷和大栅栏区看一看，街道的型制也许有所不同，但问题却都是同样的问题。从城市发展的角度来看，胡同今天过度被资本所利用是令人遗憾的。但作为城市研究者，我们首先应当呈现客观的现实。如果我们换一个角度看问题，那么这种纯现代的商业形式与传统空间的直接结合、看似地方化却实则全球化的消费行为对于地域性街道的入侵；他们是两种完全不同时空、不同意识形态的产物被硬生生地交叠在了一起，游历其间，你会不断地被两种悖谬的意向所冲击和洗礼：这是历史和当下的平行蒙太奇。

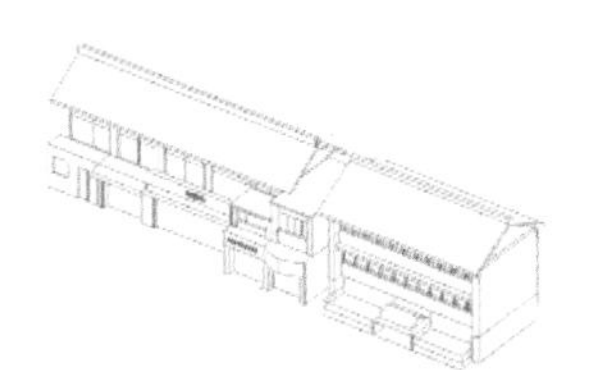

3.1 争奇斗艳

联立老字号 @ 什刹海

什刹海的关键词在于一个“海”字，北方缺水，而此处以水为贵，所有的建筑朝向并未传统的正南北向，而是尽量面水而布。烤肉季、庆云楼等几家老字号位于什刹海人流量集中的区域，生意兴隆。既然是老字号，它们的“门脸儿”自然比一般的店铺要华贵些，在传统的双坡屋顶、单面开敞的典型店铺基础上，做了许多加工处理。烤肉季的二层汉白玉阑干外凸，而首层一侧有一专门的外卖烤串单元；庆云楼则呈完全对称形式，二层木轩窗开敞，首层门洞敞开迎客；一边的越南餐厅则体型较小，呈不对称布局，三层阁楼部分做了内退处理。由于这些差异化处理的存在，即使全部衍生自一种基本的原型，他们看起来也丝毫不单调。

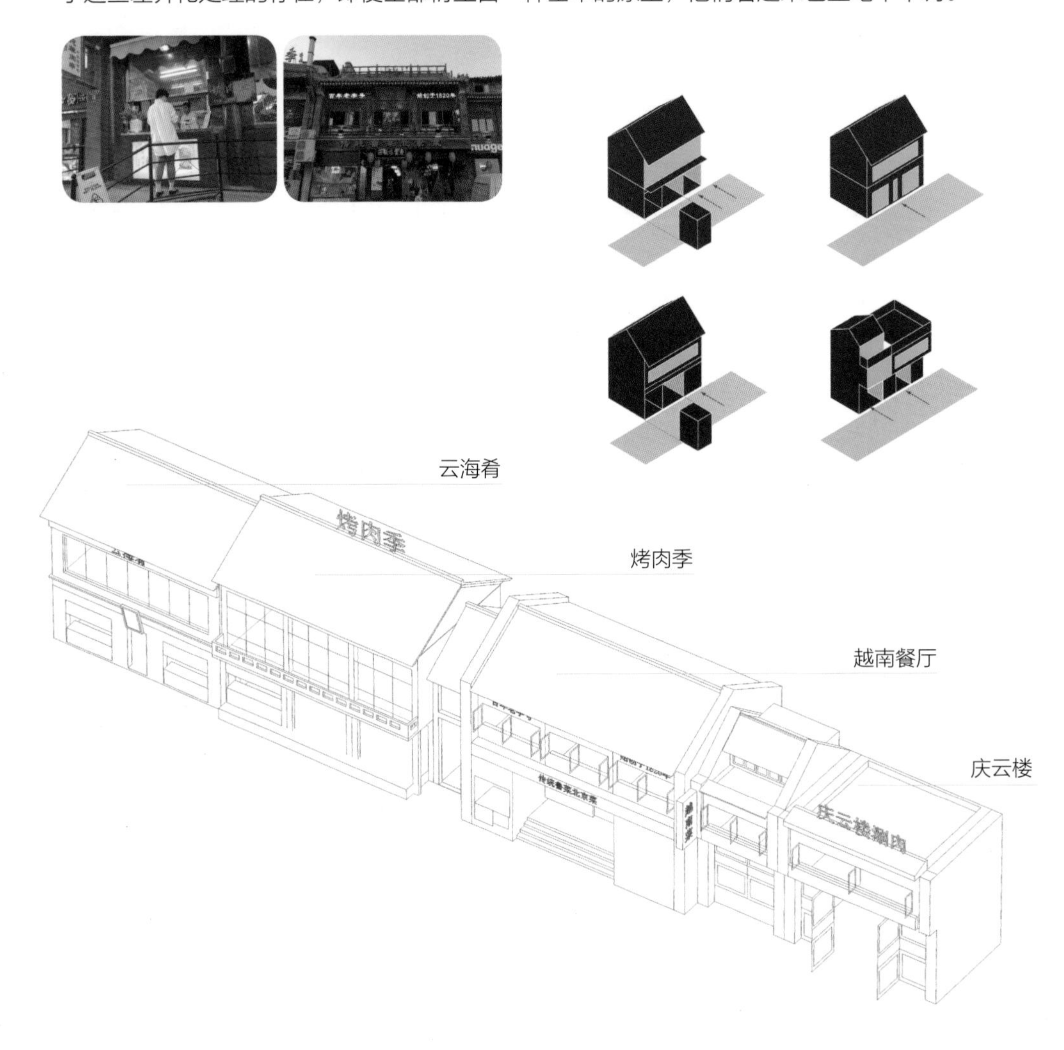

庆云楼涮肉
始创于1820年
越南菜
nuage VIETNAMESE CUISINE
老北京 铜锅涮肉

3.2 摩肩接踵

半围合美食角 @ 什刹海

传统街道的趣味在于它们很少是纯粹的直线，相对于西方的理性主义规划，除了皇宫之外的中国民居多数强调自然生长的肌理。位于街道转角处的一组饮食及商业建筑则完全遵循了这一原则，建筑朝向随着街道的走向而变化，主立面始终朝向街道（这当然也有商业利益的考量）。什刹海的改自老民居的商业建筑都有一个共同特征：简陋，不精致。

简单处理的招牌、随意更改的细节和狂放不羁的色彩都透露出强烈的“非正式”意味。但这并不代表其在空间美学上完全没有考量：拐角处的便利店坡屋顶与身侧的矩形体量形成反差，而街道另一边的餐吧则相对高起，二层平台形成场地的制高点，在它另一侧的咖啡茶饮店则降低身姿，再向前到了街角位置的“烈火英雄”则自觉在转角处做了切角处理，形成柔和的过渡。这种彼此协调的自觉意识让整个街道形成音乐般的节奏感。

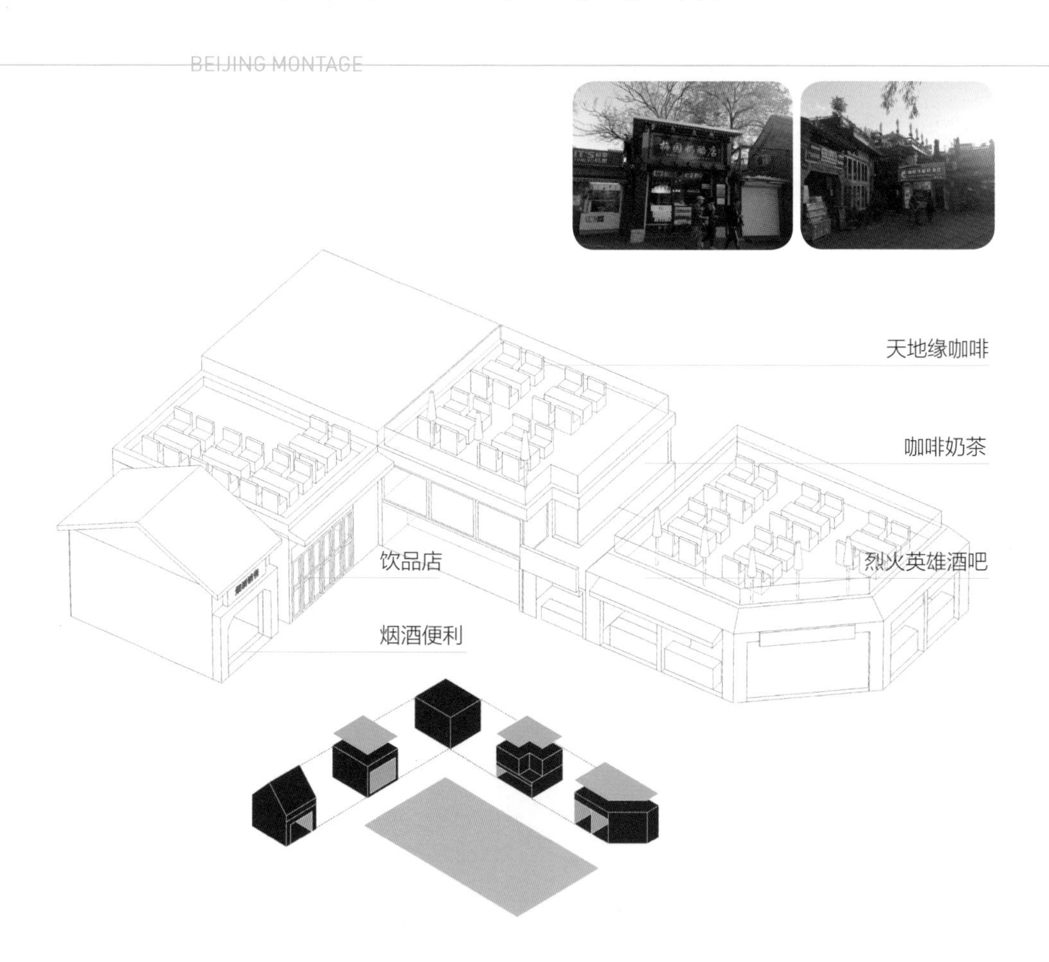

咖啡冻酸奶茶饮
Coffee FrozenYogurt Tea
烈火麒麟

烟酒销售
Liquor & Tobacco
京城双皮奶
宫廷奶酪
老北京酸奶
咖啡冻酸奶

3.3 因地制宜

倾角条街食坊 @ 什刹海

什刹海水系的非规则边界给了沿湖建筑打破北京城正交城市网格的机会，但大多数低层商业建筑仍然会遵循基本的长边平行布置原则——但也有少数例外。

此处为条形长向小吃摊档与其后的独栋餐饮组合的形式。小吃长廊遵循了向湖面开敞的布局原则，而其后的独立楼栋则可能是顺着胡同的肌理自然生长而来，二者之间形成了一定的交角，但这丝毫不影响它们作为一个整体进行运转。长廊两侧的亭子高起，形成长廊的首尾，而其后的独栋建筑（加上屋顶平台）则成为有效的商业补充。

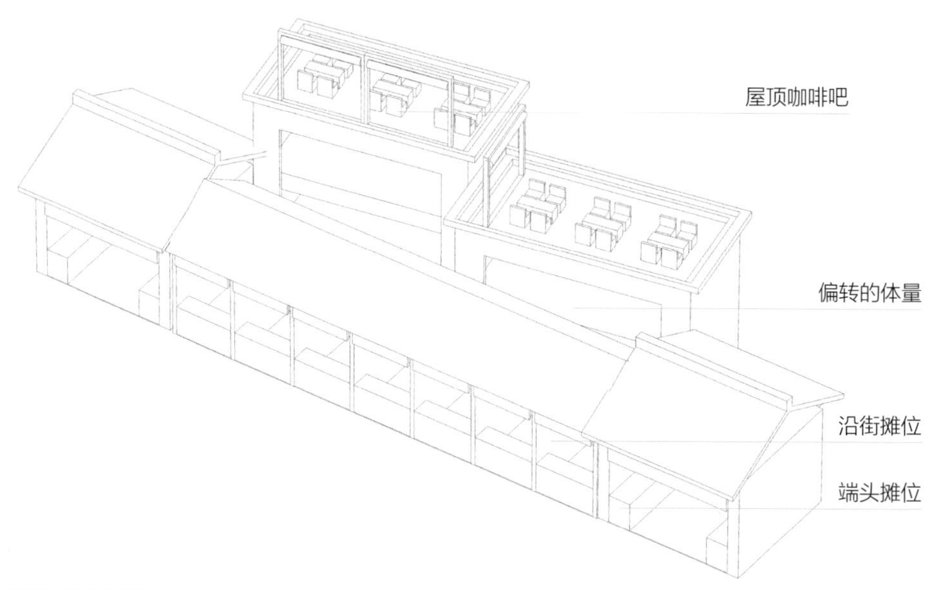

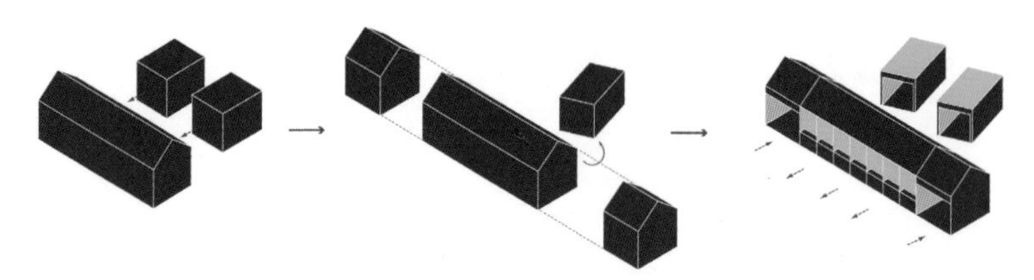

全聚德

3.4 迎来送往

联立小品街 @ 什刹海

除了黑瓦的坡屋顶和灰色的山墙这两个基本共性元素之外，什刹海的众多街边建筑甚少有共通之处。截取街边短短数十米的距离作为样本，我们从其横剖面上即可看出建筑类型的大相径庭。有面宽狭窄、首层前凸的酸奶店；有向水平向展开、门脸开阔的单进商铺；还有包含了前院、含入口高差的大中型饭庄。从色彩到装修风格，仅仅与其售卖的商品有关，与什刹海本身并无关联。

在土地公有制的国家制度中，胡同建筑是少数私人业主或租户能够决定建筑风格与立面的类型之一。但充分的自由并未带来令人兴奋的成果：每个商户都是以一种对于自己商业品类最直接和最快捷的表述方式作为出发点，同时由于缺乏专业设计师的介入（或因为设计者话语权的缺失），表面多样化背后透露的是深度的审美缺失，以及视觉混乱。

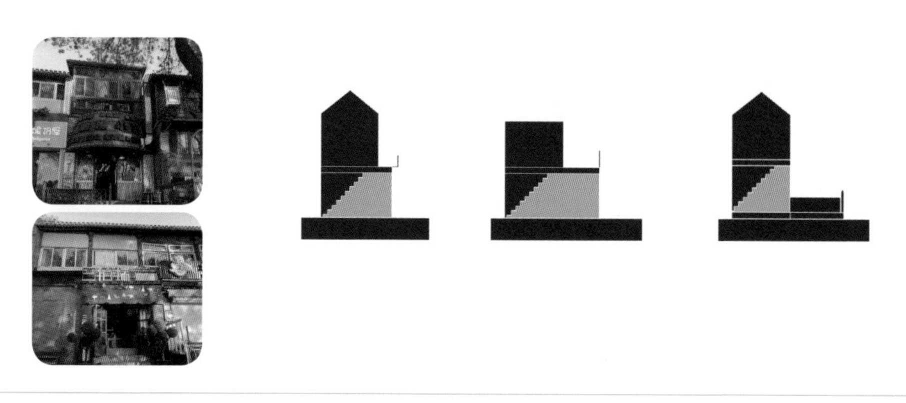

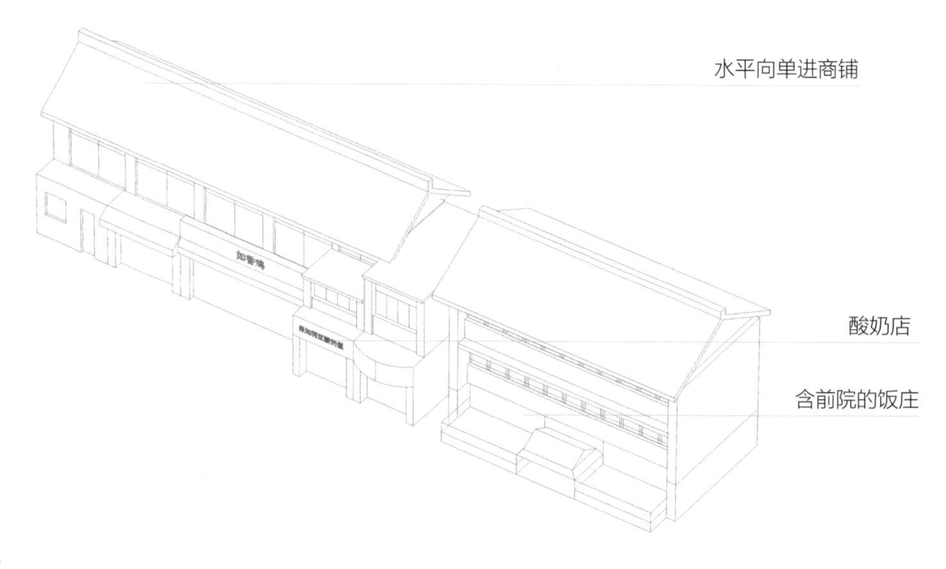

BEIJING MONTAGE

3.5 大俗大雅

后海酒吧一条街 @ 什刹海

千禧年前后酒吧在后海刚刚兴起的时候，这里曾经是娱乐圈和文艺圈人士常常流连的地方，坐在开敞的小酒吧，品一杯洋酒，听歌手嘶哑的嗓音伴着吉他来一段情歌，眼前是什刹海的波光粼粼，那个时候“诗意不在远方，就在眼前”。彼时西方文化刚刚进入中国不久，什刹海完美地满足了人们对于时尚和浪漫的想象。十几年过去了，酒吧还是那些酒吧，但是整体的调性如同变了。通体刷成红色的二层小楼如同燃烧的荷尔蒙，震耳欲聋的电音鼓点夹杂着刺目的频闪灯光，门口晃动着热情过度的揽客人，室内是不知道深浅真假的各类酒品。街道上人头攒动，不时向内报以探寻的目光——后海被过度消费了（类似的情形也在丽江、大理、凤凰、周庄同时上演）。大众化本身并没有问题，让普通民众能均等地享受风土人文资源总胜过被一小部分人独占，但是否结果就一定走向“菜市场”化？——“莫被浮云遮望眼，风物长宜放眼量。”

对事物的观感取决于观察者的心态，初来此地的游客也许对酒吧当下的氛围颇为满意，紫红的色调和幽蓝的灯光某种程度上正契合了年轻人躁动的内心和身体，也未可知。至少后海酒吧的基本格局是符合逻辑的：建筑类型是经过抽象化处理的民居样式，也遵循此处的铁律——全部向湖面打开，而屋顶也成为夏夜绝佳的观景平台。

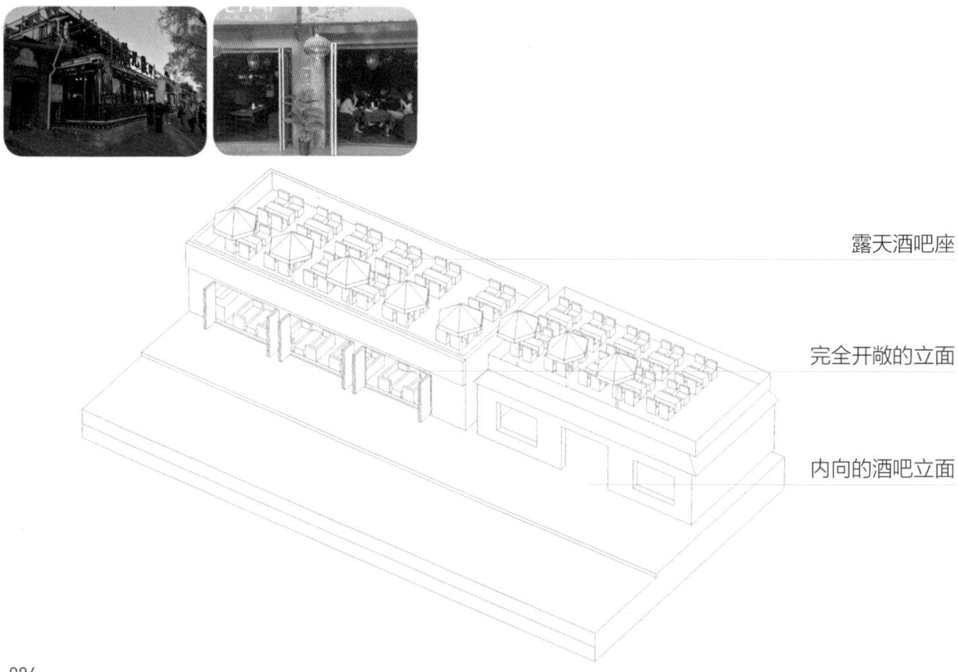

七月七日晴

3.6 中正通达

Woo 布艺 @ 南锣鼓巷

典型的四合院临街的面本是墙体，并不向街道开敞，但当街道成为新时代的商业街区时，这种规矩则被完全打破了——最具商业价值的临街立面根据需要完全开敞。中国古代建筑在进深方向的“进”和面宽方向的“间”的概念，本来是用作房屋计量的基本单元，也通常是隔断或者墙体存在的位置，在民宅转作商铺之后，也不再具有空间的约束力。南锣鼓巷的 Woo 布艺店就是将三开间打通用作完整展示空间的案例。

灰砖的沉重与绸缎的轻盈、青瓦的坚硬与展架金属线的柔软均形成了戏剧性的反差，使人们将今天与历史做自然的交叠联想。仿佛站在窗前的模特就是自己，穿越回旗袍束身、发髻高挽的年代，坐在树荫下的咖啡厅里，等那黑框眼镜、手拿公文包的男子前来相会。

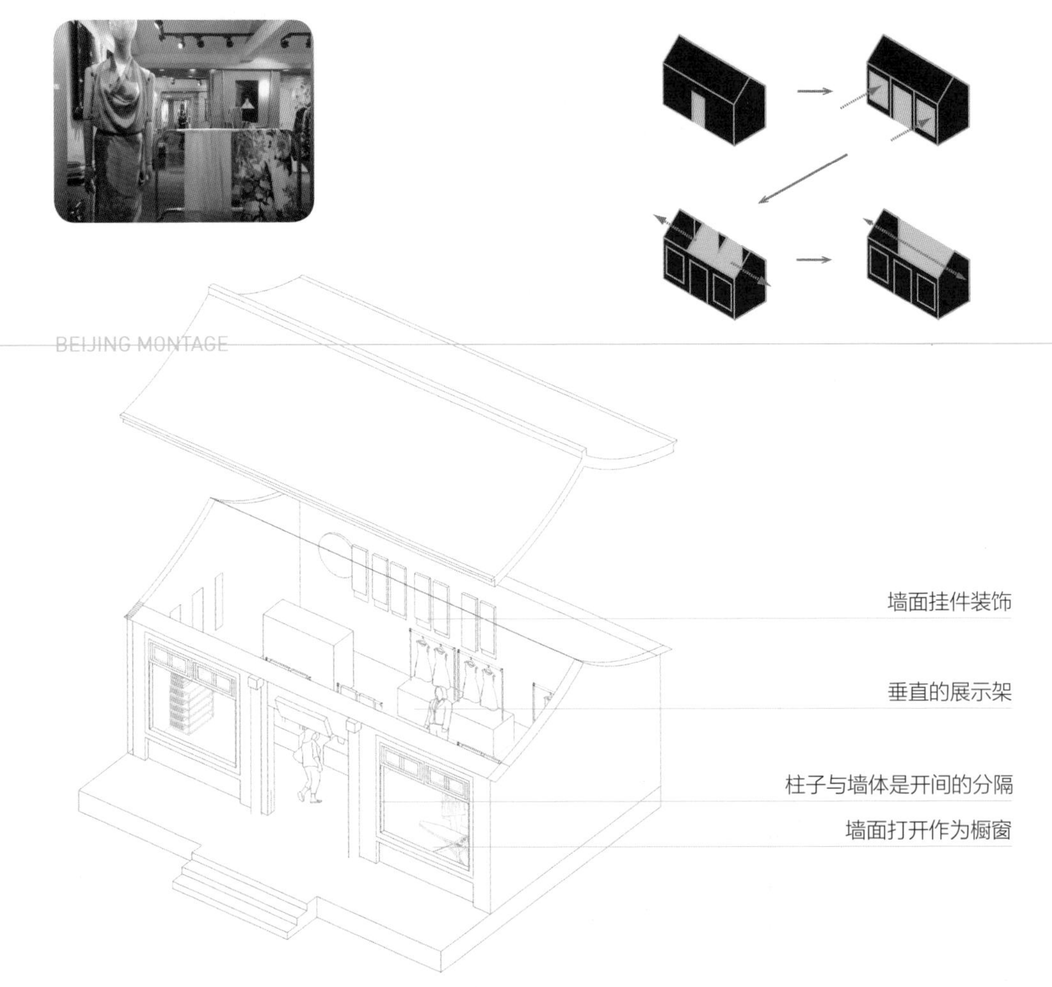

TONORIGINS

3.7 大隐隐于市

景泰蓝 @ 南锣鼓巷

如果说老北京四合院正面对街道的房屋一般只有大门会向街道开敞，那么建筑的山墙面（侧墙）则几乎没有开窗洞的机会了。但在面对商业的强大诱惑时，这一铁律也变得无足轻重。这家景泰蓝工艺店将临街的山墙面外全打开，外加了两重短短的挑檐，而开敞部分加入了传统隔扇门的元素，常年保持开敞。店内木纹的架子灯火通明，所有的商品均被提升至尊宠的地位。紧邻房屋一侧是原建筑的入口，因为功能的转变已经完全丧失了原有的功能，大门紧闭——该封闭的被打开，该打开的却封闭。老房子原有的型制和空间逻辑在现代商业社会中完全失去了意义，或者被彻底重新定义。

这家店面最特殊之处，在于仅仅一巷之隔就是著名的中央戏剧学院学校本部所在地。如果不是资深文艺青年，一般游客是不会留意到这个老胡同中唯一的现代建筑为何会存在于此。至于中戏为何不在开阔地建校而要隐退在这么一方小天地中的成因众说纷纭，有说因为此处领导居所较多，看戏方便等等，已无从考证。但传统戏剧概念与胡同的氛围无疑是契合的。景泰蓝店址是绝佳的，它处在一个强大的文化中心的周边，无疑会给其自身的商业氛围平添上一圈弧光。

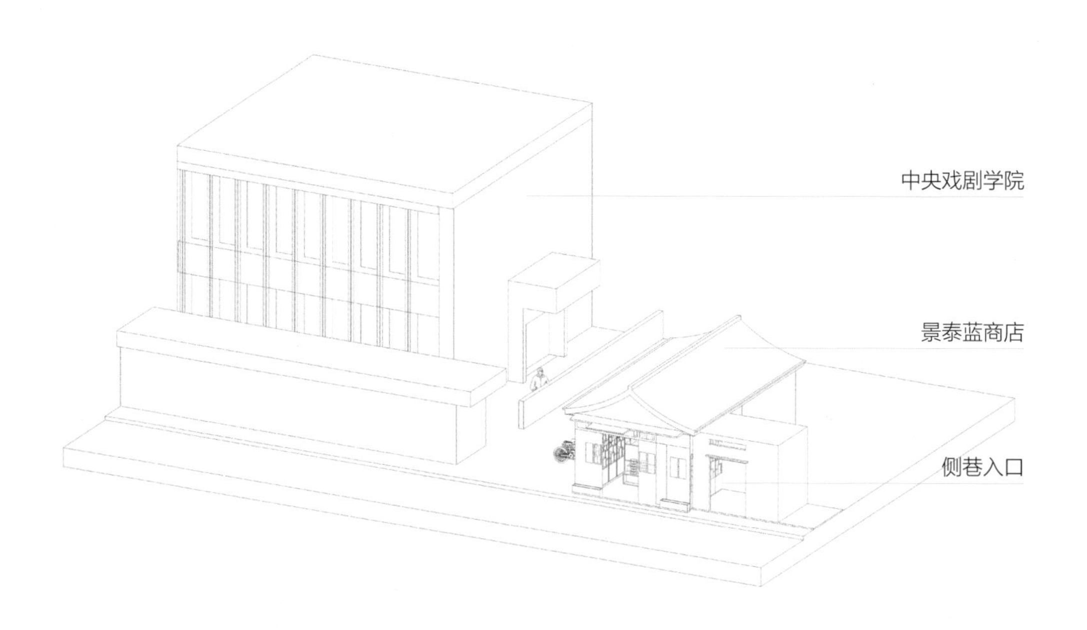

方正
兴元
景泰蓝
CLOISONNE
国家级非
京泰蓝
THE CENTRAL ACADEMY OF DRAMA
98-1

3.8 开敞的街角

老北京布鞋 @ 南锣鼓巷

传统胡同的本质是“步行尺度的街道”，街道分主街和次街、街头和结尾，与此相对应的建筑关系则是正对或侧对，临街或转角。街道是一个连续的舞台，每天上演着各种悲欢离合，街道也是一个界面，成为公共生活与私人生活之间的分野。

这家老北京布鞋所在的店面原建筑采用八角的折面来应对转角，这无疑是一种谦逊的态度，留出了充分的空间给街道，并且让建筑显得不突兀。从建筑一侧封闭的大门可以看出，这里原本就是一道封闭墙体，如今被嵌入圆弧形的多层展柜，面向街道开敞。八角形的折墙面被弧形玻璃取代。最让老北京们头疼的是，在这里任何传统样式的东西都打着”老北京“的旗号，但它们的样式可能与你在丽江或者凤凰看到的并无不同。对于”老北京“概念的滥用使本来的地方风味完全失去了本来的味道，也仅仅有游玩的过客会被这样的招牌所吸引。只要能带来经济效益，谁还管你纯粹不纯粹？店内的商品如这立面的型制一样，是一种被刻意误用的概念。

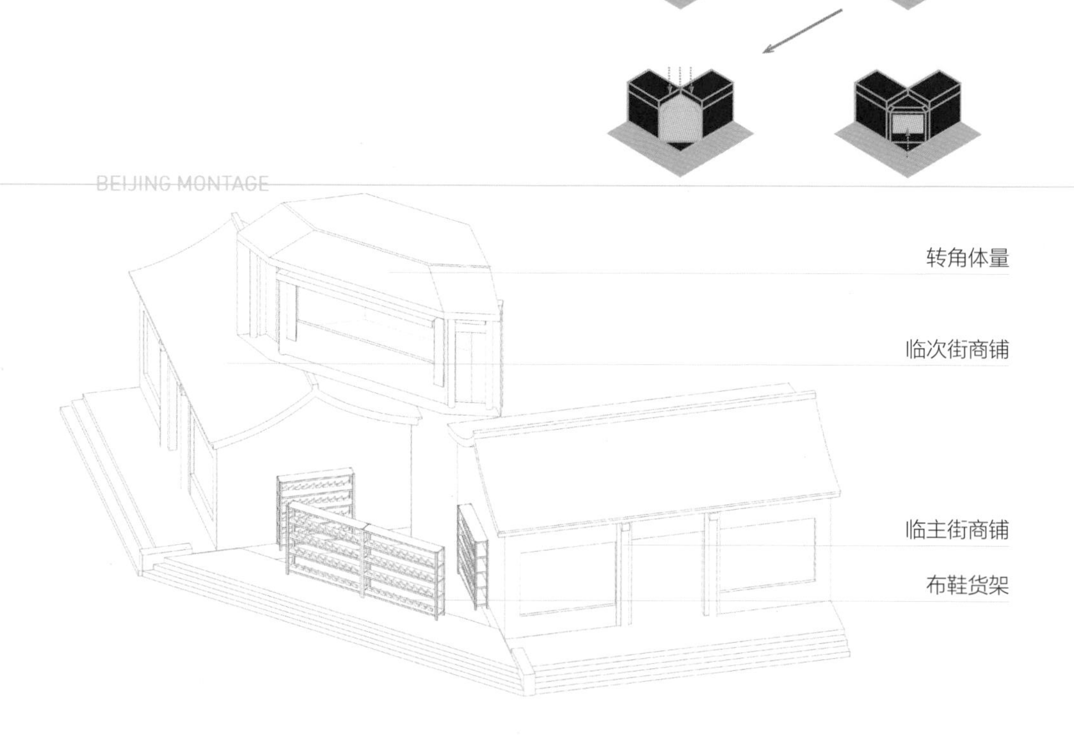

老北京布鞋
双羽蓬业
华老字号

3.9 一线天角

舌尖上的童年 @ 南锣鼓巷

又一个以情怀为卖点的商业场所，将 80、90 后年轻一代童年时的食品全部搜集罗列在空间里。它的入口空间是夹在两栋主屋之间的狭窄巷道，以垂花门提示了入户点的所在。露天巷子本身也被改造纳入商店的一部分。如此逼仄的进入方式反倒给这个过程增添了一份发现的快感，仿佛桃花源记中那个武陵人穿过山洞，初见桃源的感觉。

一旦进入内部，你立刻觉得自己穿越了，不是回到古代，而是童年的记忆一下子铺陈在了眼前：全部是儿时旧物，你诸如卜卜星、大白兔奶糖、手工糖人、小浣熊干脆面等等食品扑面而来，而诸如洋画、弹弓、弹球、跳棋、漫画等在手中把玩或藏在书包深处的物件，在货架的某个角落闪着奇异的光……所有的年轻人都兴致勃勃地穿行其间，寻找属于自己的某一段时光。

在南锣鼓巷主从分明的街道体系和整齐划一的灰砖瓦房均质系统中，商家过度彰显自我的意图总是轻而易举地就被消灭在无形中。他们唯一能做的，是时空的拼接魔术：截取历史上某一个时段的记忆，与胡同文化进行黏合。按照蒙太奇理论两个相异物象叠加的意义往往大于其总和的原则，这种叠加类似于电影造梦的原则。

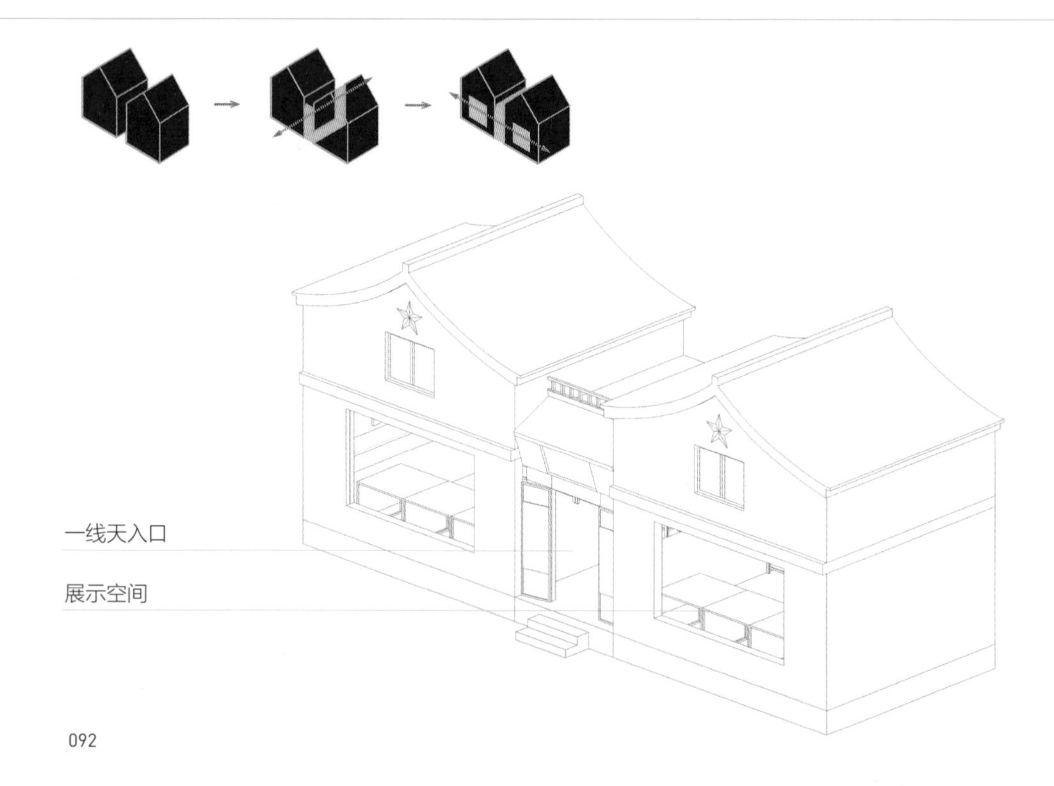

福气兔儿爷·月圆情更圆
童年
舌尖上的童年

3.10 独占鳌头

华夏书画社 @ 琉璃厂

琉璃厂一带是北京著名的书画艺术特色街。从清代起京城就是著名的书画艺术家云集之地。满清皇族对于汉文化的向往与研习在艺术方面也体现的颇为明显，康乾盛世的三帝王，康熙、雍正、乾隆都是出了名的艺术粉：康熙曾经找石涛请教过山水画；雍正的书法遒劲刚正，力透纸背；就连一向被诟病为“农家乐审美”的乾隆爷，至少是个真爱艺术的主儿，在历代书画珍品上都留下了印鉴无数……上行下效，各路书画高手都愿意来京城一展身手，碰碰运气。齐白石就是以 60 岁高龄在京城扬名立万的。故而琉璃厂则成了艺术相关产业的基地。除了大量字画、金石、古董、玉器的售卖，这里也可以找到各类笔墨纸砚的工具。

这家书画用品店位于琉璃厂街口的第一家，可谓独占鳌头，建筑体量面对街角做了切角处理，而正中的门头位置特别做了放大处理：不仅高度提升，而且做了多重牌坊式的构造，突出了入户的仪式感。六根立柱在屋檐以上朝天而立，而正门上的两根仿佛是龙角之势，颇为气派。但整个色彩则是典型的清朝后期的样式：大红的墙身和柱子，枋额上是大片翠绿和青蓝的繁复纹样，浓烈恣意，反因为过度装饰而少了韵味。这是整个琉璃厂建筑群的某种共同气质，店主们似乎忘了水墨画中的重要一点：留白。

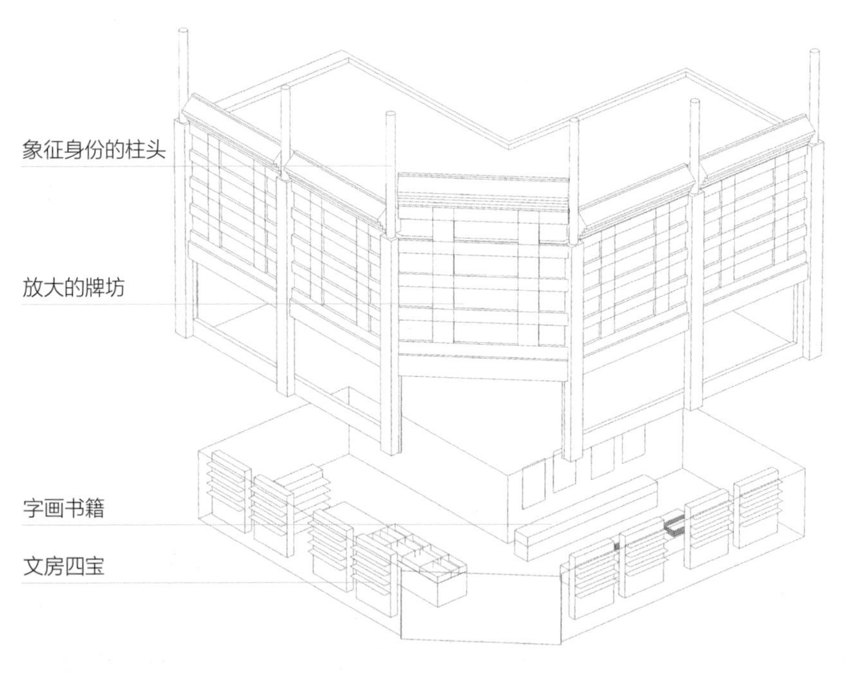

華夏書画社

姜宝林
作品专卖
请上二楼
歙砚直销
壽
福
书画
闲章
端砚特价

3.11 内里乾坤

中国古籍书店 @ 琉璃厂

中国古籍书店是琉璃厂的巨形建筑，它占地上千平米的现实被外观上的分段处理所完全消解了。从藏书的数量和工具的品类来看，它是一座资源的乌托邦，仿佛是从文人墨客的潜意识里直接滋长出来的建筑，与宋徽宗缔造翰林画院的冲动如出一辙：个人拥有所有世间最好的作品和器具。仅仅是徜徉在这无尽的书海中、嗅着古木书架与古籍泛黄页面混杂的中古气息，已经让人宛如走入梦境——一旦进入，就不愿醒来。

中国古建筑小巧谦逊的体量特质与如此大规模的藏书空间本质上是相悖的，书店的缔造者采取了一种内外分离的策略：书店漫长的体量被刻意分割成几段，用不同的建筑开间手法和外观处理示意了它们暧昧的不连续性，而内部则是一个完全贯通的连续柱网空间。除了偶尔下降的屋面导致的空间高度变化，在内部完全感受不到“分割”。这是一种与曼哈顿的分裂主义相近的操作：外观负责象征性，而内部关注实用性。

书店的首层为古籍藏书，而二层则是各种工具及碑帖字画原稿。用旧时式斜面玻璃橱柜收藏的做法无形中抬升了作品的身价。

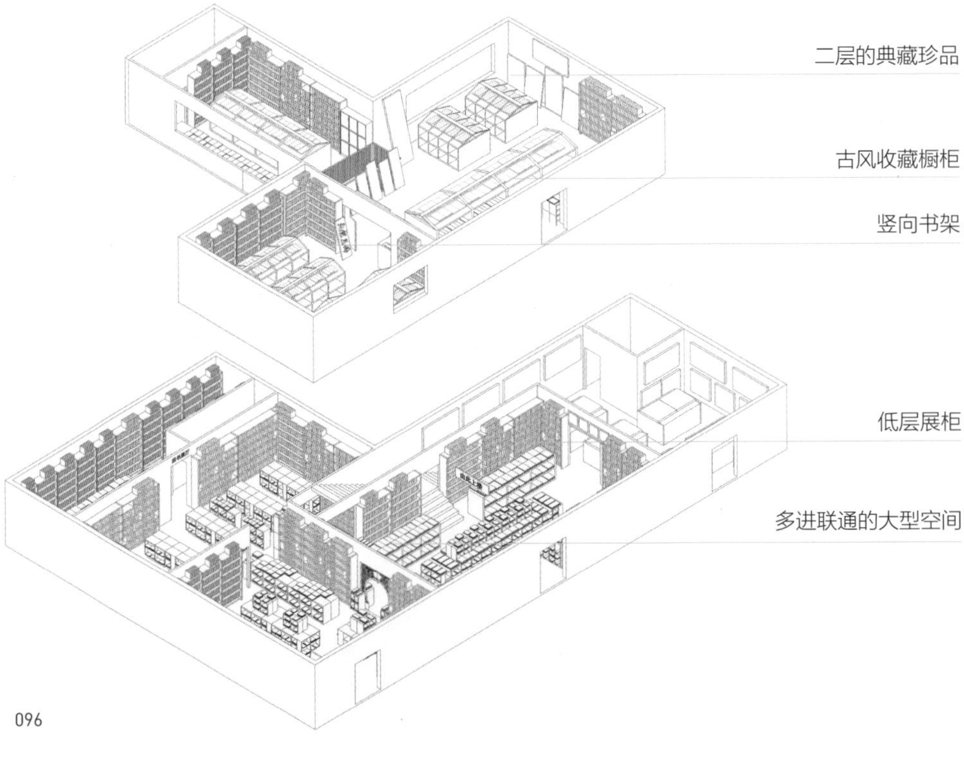

二层的典藏珍品

古风收藏橱柜

竖向书架

低层展柜

多进联通的大型空间

由此上楼

3.12 横看成岭侧成峰

茶味斋 @ 琉璃厂

在琉璃厂众多历史旧筑或人为新改的城市人造物之中，茶味斋的绝对是一个另类的存在。建筑的主体是一栋正面临街的二层小楼，奇特的是它竟然有两道连续的双坡屋顶相接在一起出现。传统北方民居都有明确的建筑做法，像这种连续双坡的做法实属罕见。更奇特的是它一侧的副楼：单坡屋面直接从双坡主体的侧墙倾斜而下，副楼的山墙面对着街道，仿佛是一个完整的楼栋被从屋脊劈为两半，又与主楼粘在一起……从其年代来看，绝非后世来人的狂妄之举，如果确实是古人的遗存，这做法未免也太匪夷所思，或者说，我们对于古典建筑范式的认知也许过于僵化，实际上，其中的变化要比我们想象的丰富得多。此斋正面一块匾额上书“饮福铭恩”几个大字，显示了这栋楼的主人受过皇家封赏，大有来历。

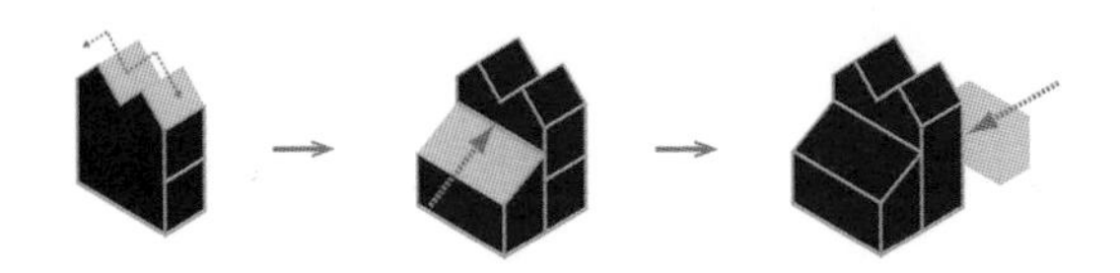

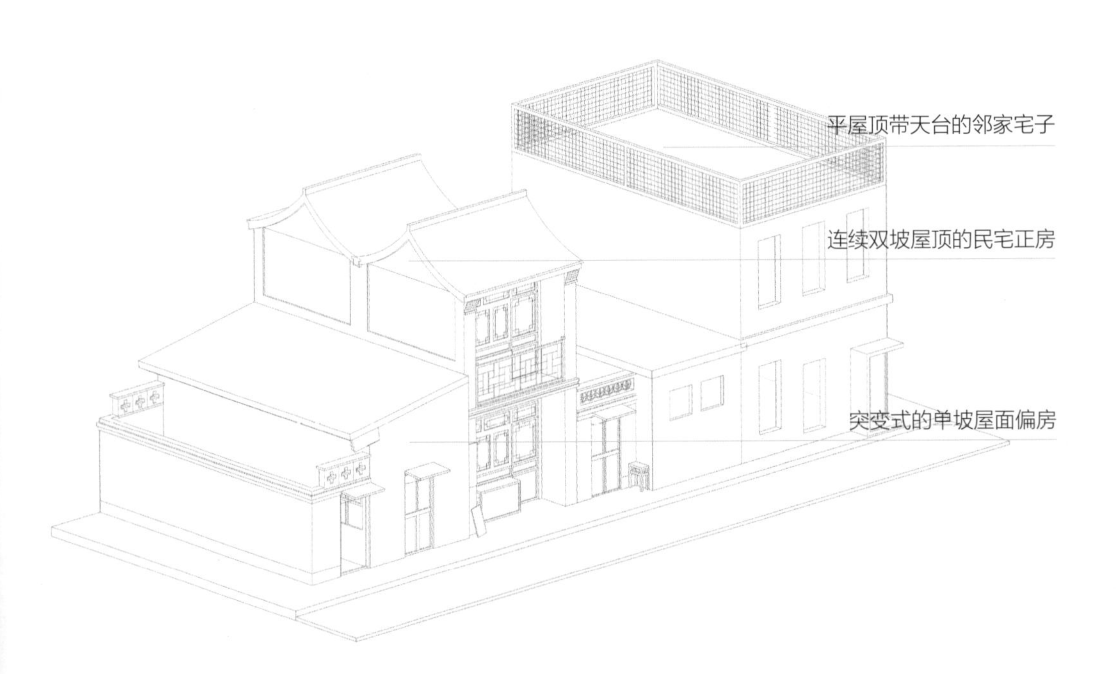

飲福銘思

3.13 三世同堂
青云阁 @ 杨梅竹斜街

一栋面窄身长的两层小楼矗立在中央，带有明显欧洲装饰风格的墙体包夹着中国风的红色门扇，共性的门洞昭示了古罗马的基因，二楼正面墙顶上一块巨大的匾额写着繁体字“青云阁”；西侧是一座简约风格的坡屋顶副楼，深色格栅包裹着混凝土的墙面，薄钢板的门檐是当代的手法；而青云阁的东侧则是传统的灰砖坡屋顶建筑。这种中西混搭的风格属于特定的民国时期的风尚。在这里，三种完全不同时期的风格，现代、民国、清末的建筑，如同 photoshop 软件里的拼图戏法一般直接拼接在一起，一切都是真实的——也正因为其真实，反而加强了这一场景的超现实感。最奇特的是，风格的混搭并没有引起强烈的突兀感，相反，他们在一起，最极端的尝试，注定要失败的幼稚手法，历史遗物的保存义务等被动的诉求，在这里却成了一种和谐的展示：街道成为展场，而展品就是建筑的编年史。

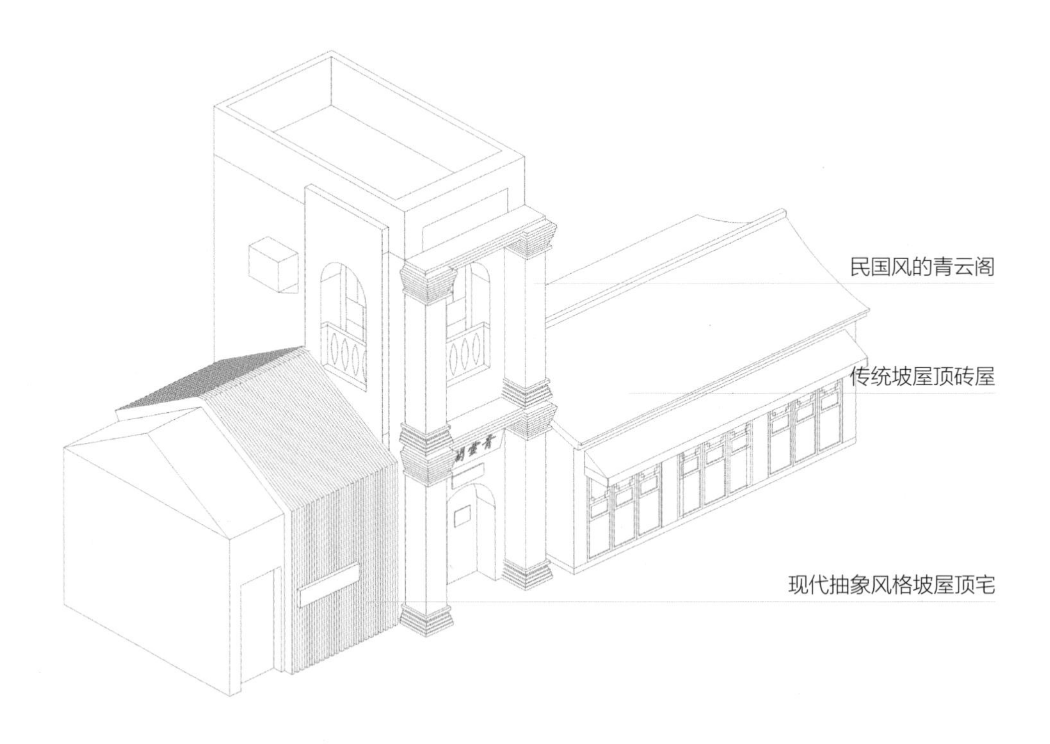

青雲閣
RED MUSIC WORKS

3.14 风水为上

总部基地城隍庙 @ 金融街

国家电投、同泰中心和中国移动三栋联合大楼的正前方，坐落着一座城隍庙，传统大屋顶重檐样式，完全仿古建筑。城隍神是保护城池的神，在这里应当是寄托了风水上保财富的期许，因此在这寸土寸金的金融街，四处高楼林立的状态下，这一块地界竟然能容得下小小一座庙宇。现代与古代，宗教与经济如此紧密地联系在一起。我们发现一个独特的现象：在这些与金融相关的场域，风水及其附属象征物变得尤为重要，所以今古不同风格可以毫无顾虑地并置在一起。与它一街之隔的中国银河证券大厦门口一对汉白玉的石狮子，也正是同样的作用。

在北京，密斯式的现代主义——作为一种纯然的舶来品，反被它百年前想击垮的古典主义宗教建筑所庇护、引领，继而定格成为一种古怪而无可争辩的现实：寺庙的火车头拉着玻璃盒子的车身，无论从哪个角度看，高度数倍于寺庙的高层建筑仿佛都是一种附庸。建筑以体量优势获得尊严和纪念性的千年铁律，在这里首次失效。这是现代主义先驱们无法想象，也无法面对的。

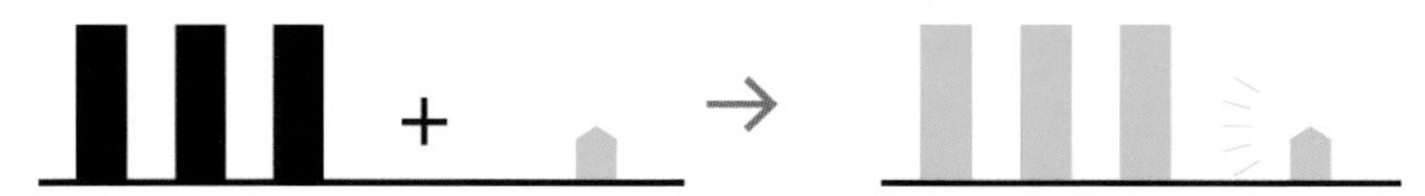

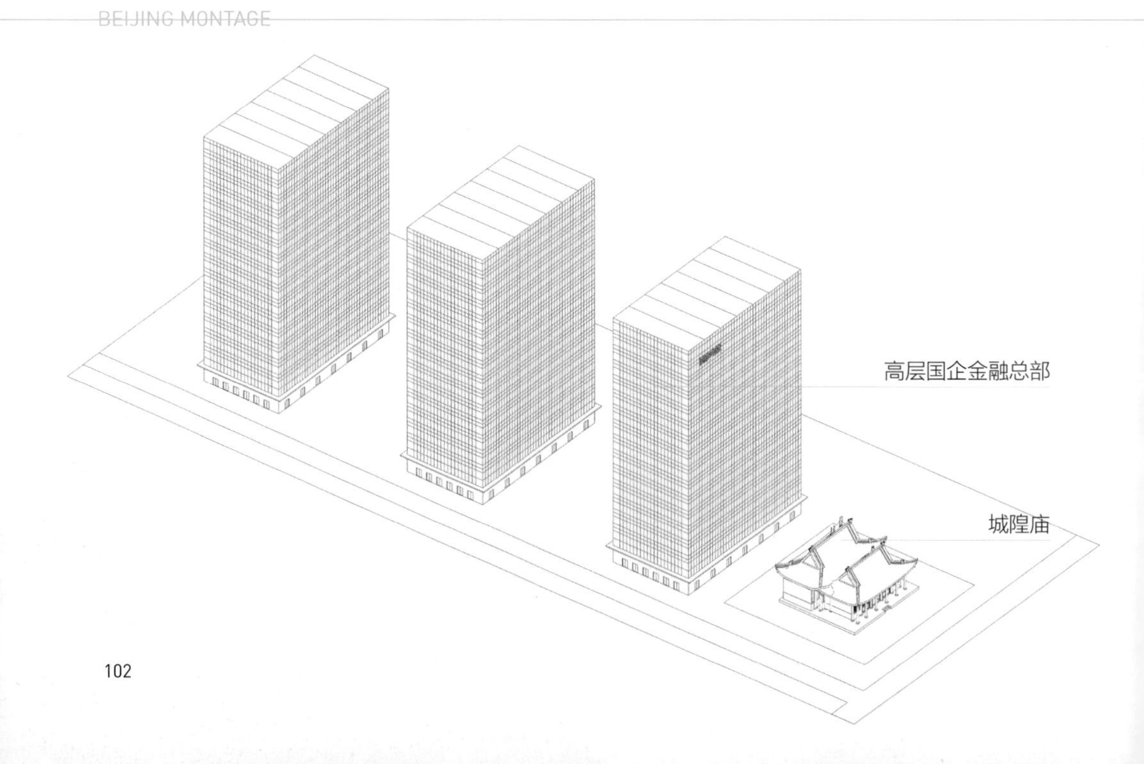

国家电投
智慧财富 金山银河

BEIJING MONTAGE
多义 商业中心

第 4 章　多义商业中心

按照库哈斯的论断，“购物将成为人们最后普遍参与的唯一公共活动”，这条定论在北京似乎并不完全奏效，因为文青们至少还有剧场、书城和咖啡馆可以聚集。但若仅从全民参与的广泛度来看，购物行为无疑是占统治地位的。按照列斐伏尔的空间生产理论，当代一切有目的的城市空间都是制造剩余价值的媒介和手段，而购物空间则是资本逐利的终极手段与道具。数千年以来，人们从未像今天一样如此热衷于购物及其附属活动——消费主义的全面胜出。

每个夜晚和周末，无数人流潮水一般涌入城市各个片区的商业综合体，实现一次物质主义的全民狂欢，欢欣鼓舞，满载而归。高指数的人口密度、全面迈向中产社会以及对于物质和时尚不加质疑的膜拜使购物中心这种在美洲、欧洲甚至显得有些冷清的空间在中国却无比繁荣。如今的购物中心绝非钱物交换单一行为场所，对复合化的精神需求的满足是合格购物中心必须考量的要素：电影院、特色餐饮、儿童世界、KTV 已经是传统必备选项，而艺术展览、溜冰场、都市农庄、体验式厨房等新鲜玩意儿也在各处开花……进入购物中心，人们可以足不出户，满足吃、穿、购、娱等所有活动——它是如此令人愉悦，对于人类需求的照顾精细到每根神经。

北京的购物中心发展水平在一线城市中并不突出，论商业空间的多样化和人性化不及深圳，论精细度和品质感又比不上上海，这结果与这座城市整体缺乏商业氛围、服务意识和时尚观念的大气候非常一致。去北上深三城的商务区或地铁上看看，就会发现北京人是穿着最不讲究、而北京的姑娘们也是最不爱化妆的。

但这并不妨碍北京的购物中心在城市空间探索上先锋性：粗糙是免不了的，但却充满了实验精神。三里屯 Village 是分块式街区商业的代表，而西单大悦城则将大众消费的多样化需求全部集中在一个盒子里；王府井的 APM 是在一个传统的外壳下引入了全天候昼夜不断消费的新理念，而侨福芳草地则开启了全面将艺术展览融入商业的先河；当其他传统百货商场纷纷倒闭时，西单君太百货却实现了向 Mall 的华丽转身，而城东的蓝色港湾街区则以一个超大型、隐喻式的 Mall 将商业街和购物中心的形式融为一体……本应是最不具备创新精神的购物空间，因为差异化竞争的压力，竟成了 21 世纪建筑乌托邦精神的孵化器。

adidas
MAKELUMER
外婆家
GRANDMA'S HOME

4.1 时尚聚集地

三里屯

三里屯，北京时尚的代名词，最潮最 In 的达人聚集地。酒吧、夜店的流光溢彩与时尚潮牌店的个性橱窗交相辉映，街区式商业与体验式消费各种新概念层出不穷。由于其区位紧邻北京的使馆区，三里屯自然成为西方文化最早流入北京的窗口。北京是个夜生活严重匮乏的城市，除了气候寒冷、商业意识薄弱之外，对时尚整体的淡漠态度也是普遍性的，但三里屯是京城唯一的例外。潮人们的娱乐场所以地域区分代际的特征很明显。Old school 的酒吧集中在工体西路，凝聚了对喇叭裤、蛤蟆镜、迪斯科念念不忘的老炮们；而新新人类聚集地则转化成了工体周边的 Mix、Vecs、拿铁等，这也是北京夜店圈非常独特的气候——最潮的店竟然是围绕一栋体育设施而建的。

交通问题在三里屯地区尤为突出。每天凌晨两点以后，工体北路仍然被堵的水泄不通，集中体现了市政道路规划与城市发展的严重不匹配——所有最具吸引力的场所，如三里屯 Village、酒吧街、工体夜店区、三里屯 SOHO 等全部集中在工体北路一条双向四车道、不到两公里的马路边布置，而工人体育场本身还不定期举办各种大型足球赛事和万人演唱会。每当节庆或集会活动举行时，此处的通行完全是一场灾难。

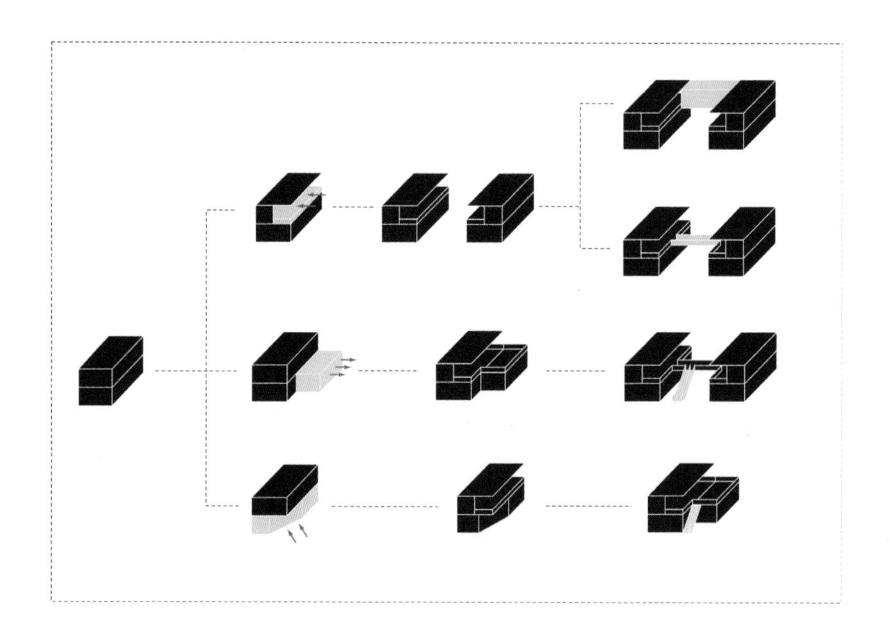

太古里
TAI
KOO
LI
adidas

4.2 半都会

三里屯 Village 南区

三里屯 Village 的出现坐实了三里屯“时尚高地”的称谓。采用体块式街区商业的形式而非传统的集中型商业综合体，创造了亲人尺度、可自由穿越的城市开放空间。切分成单个的体量也更有利于各个专卖店彰显自我特色。建筑单体也聘请了隈研吾等一批国际知名建筑师操刀，将奢侈品区与大众消费区分开的思路也显示了成熟的商业经营理念。三里屯 Village 深谙“潮流”的秘诀，每个单体从概念到色彩、空间、布局，绝不重复，因为开发者知道，“重复”是时尚的天敌。只有在不断加速更新的氛围中，这种时尚的快感才能被反复加强。

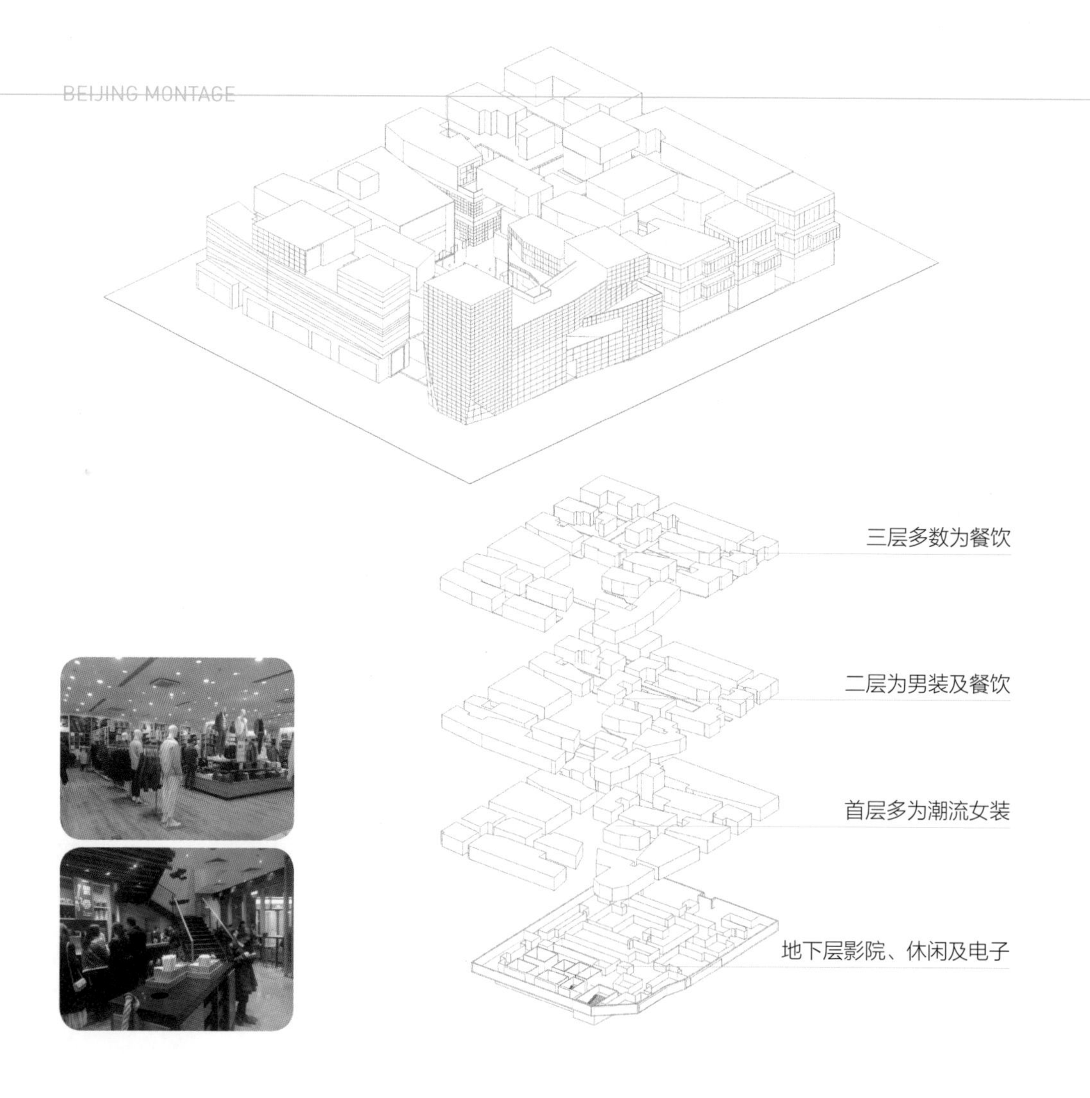

RUNNING
izzue

4.2 半都会
三里屯 Village 南区

三里屯是消费社会里“美女经济”的一面反射镜。纷繁无序的信息时代，新新人类彰显自我的方式是以独特的生活态度挑战传统的社会规训。而女性则成为这种运动中的主力。她们精心雕饰的身体穿过时尚品牌的森林，娇艳的嘴唇写满对各类落伍观念的不屑，闪亮的指甲在各类移动终端上飞快地按动，构筑起一片电子流的“时尚场域”。但对于一切潮流前沿近乎偏执的追求很难断言是真正的文化认同还是消费主义的魔障使然；而中国女性对于女权主义表现出的“雨露均沾”两面性也让某些社会学家所言“她们已经完全摆脱了男性视点”的说法显得过于牵强。但无论怎样，她们都是现代都市最靓丽的风景，通过身体文化与消费符码一起，不断刷新着城市空间体验。

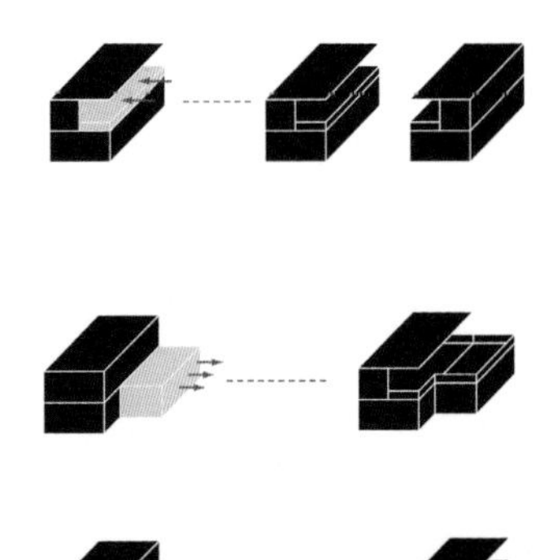

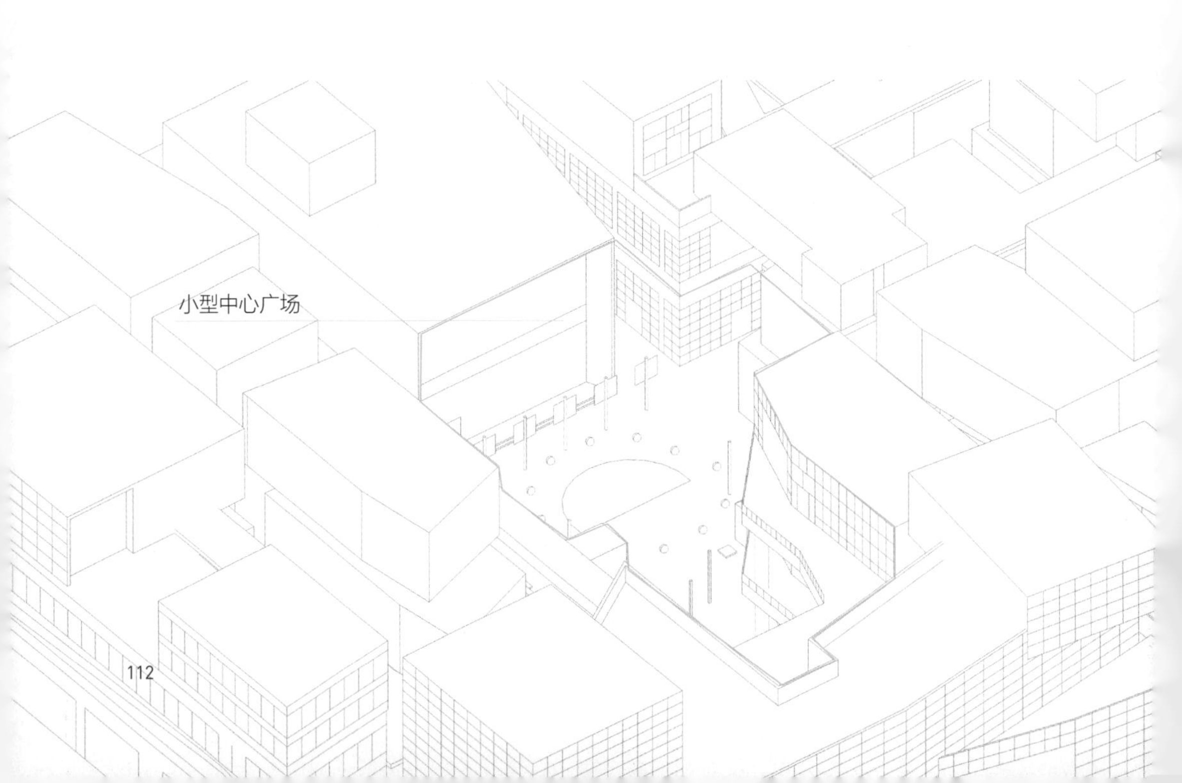

H&M

4.2 半都会

三里屯 Village 南区

拆分成小体量、散点布局的街区式商业最大的短板有两个：一是难以聚集人气；二是顾客必须在舒适的室内和恶劣的室外环境中来回穿行，导致穿行的意愿降低。而三里屯 Village 明显已经考虑了相应的对策——体块之间距离紧凑，并采用了大量连廊、天桥、自动扶梯和直梯来让人流在不同层之间平滑传送。体量之间的错动、穿插和退台自然流出许多半开放的户外空间，使“咖啡文化”可以在相对温和的天气充分施展。行人可以从街区各个方向涌入，在区内不时出现的小广场处形成聚集。这里往往被放置了颇具人气的主力店——比如苹果的旗舰店。“潮流人士”需要时刻聚集在能代言“时尚”的品牌周边以彰显其品位，大部分追捧者最在乎的只不过是其外观所提供的时尚标签，至于其品牌内涵是否能真正代表前沿性，似乎并不太重要！这从近年来苹果手机及其他电子产品创新动力降低可见一斑。

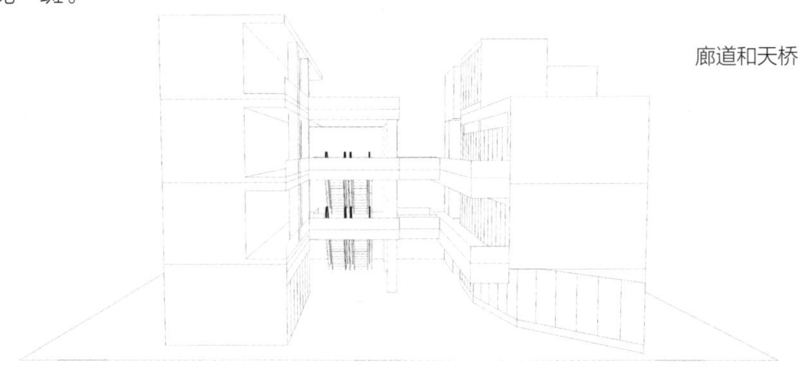

廊道和天桥

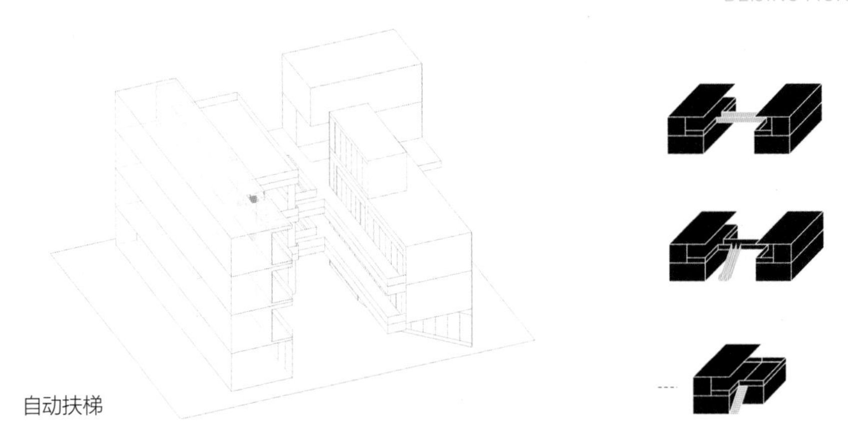

自动扶梯

4.3 风雅相关

三里屯 Village 北区

三里屯 Village 北区定位为奢侈品店面集中地，与以中端大众消费为主的南区相比从设计到材质都明显拉开了距离。最有实力的店铺当然会选择独立的楼栋作为旗舰店，但即使是在一组楼中的单个商户，其空间的利用方式也足以彰显其品位和个性。

首先在于对于空间的“毫不吝惜”，上下两层店面，二层大面积退台，疏疏朗朗的几个衣架，也仅仅挂了为数不多的当季款式。单价高昂的商品当然要以从容的态度彰显其稀有性。而立面上亚光透亮的金属格栅和精心设计的灯光，都进一步烘托出冷酷而独立的品牌氛围。

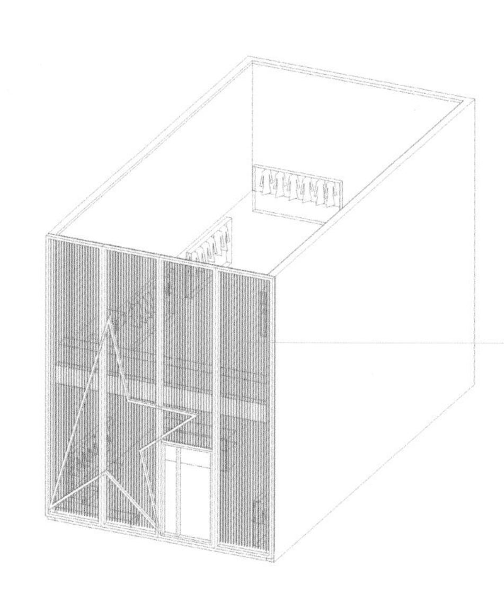

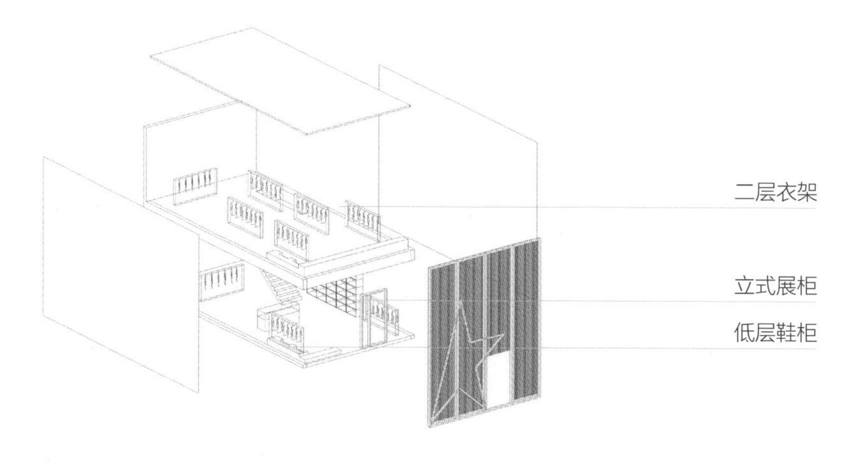

PICTURES
b/03/FEK

4.3 风雅相关

三里屯 Village 北区

同类属性的功能总是以并存或附加的方式存在，以加强场所的精神特征。除了主剧场与实验剧场之外，在首都剧场的一侧小门中，还隐藏了一家特色的“戏剧书店”。推开木门会有门铃响动，深色木质的书架整齐排列，透出中古气质。低柜的书籍摆法似乎都还是80年代的方式，仿佛时间停滞一般。这里能找到各类戏剧相关的书籍杂志：戏剧理论、人物传记、剧本合集、剧作导引等等，古今中外各门各派无一不全。

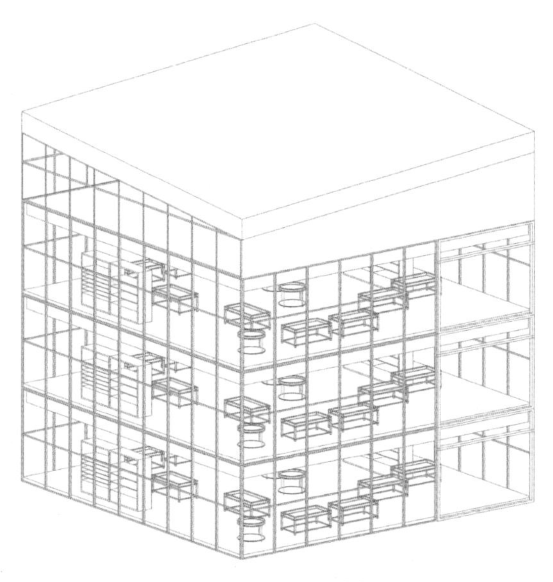

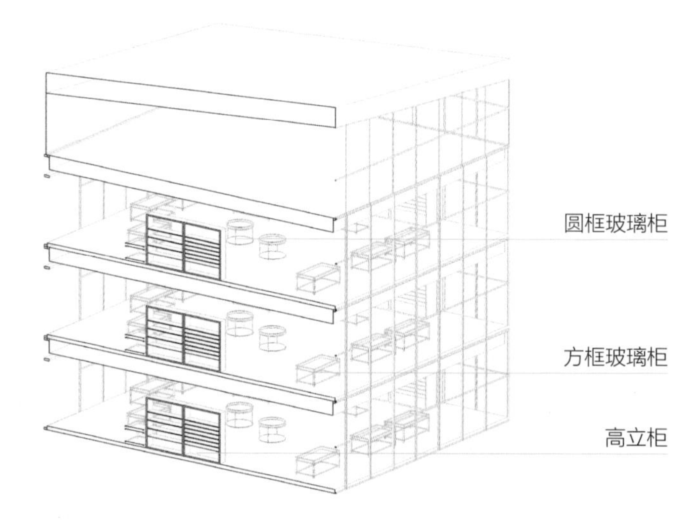

miu miu

4.4 蓝色港湾

从欧洲传统的步行商业拱廊街区到美国的集中式 Shopping Mall，商业中心的形式转变用了数百年的时间。建筑型制的变革一定是伴随着商业规模的扩展和技术的提升。当代常见的以“大中庭 + 围合式”商户的经典购物中心形式由美国建筑师约翰 . 波特曼所确立，被比喻为“被缚的大漩涡”，以强调其将人流吸纳其中并使其深陷的能力。库哈斯认为空调和自动扶梯是现代购物中心巨大体量存在之合理性的必要因素，前者以舒适的环境让顾客停留，后者使人群可以在不同层之间自由流动：一个保障了时间，一个决定了空间。

而蓝色港湾最独特之处在于，它是一个步行商业街与 Mall 的混合物。由于其庞大的商业体量和广袤的占地面积，单纯的商业街或者 Mall 都显得难以成事，故而业主和设计师创造性地将两种历来并不兼容的形式糅合在了一起。它也可以被看作一个超大的 Mall，中心的露天广场可以与购物中心的中庭进行类比，而一系列集中商业或商业街围绕其周边布置。游历其间，你时而与自然亲近，时而又转入室内——一场冷暖明暗不定的随机体验。餐饮、零售、休闲、儿童世界、影院等不同业态商家被按照商业逻辑安插在路径的各个节点上。

简化的欧式风格是中国式街区商业的最爱，蓝色港湾也将其作为主要的立面和空间设计语汇。商业中心的设计美学只有一个终极目的：拉动消费。与其说是建筑设计的逻辑，不如说更接近于主题乐园。所有的场景都是在创造某种“情境感”，它必须是欢乐的、轻松的、刺激感官的、带来欲望的，并且是容易解读和产生联想的，让人一进入就忘掉现实，启动梦境。堆叠错落的拱券、山花、柱廊、台基，以舞台布景的方式快捷地满足了人们对于西方资产阶级生活的想象，一场布尔乔亚趣味的视觉盛宴。

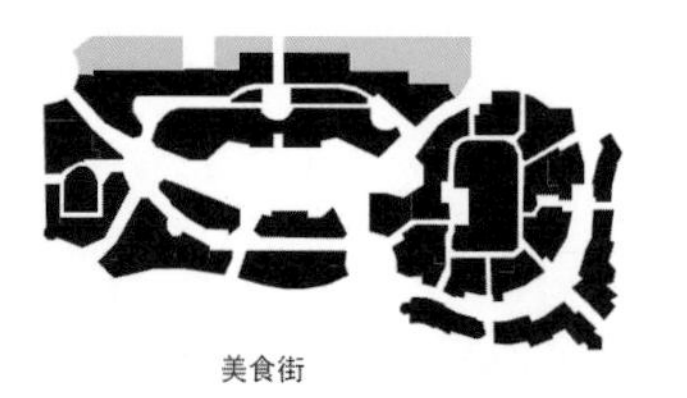

美食街

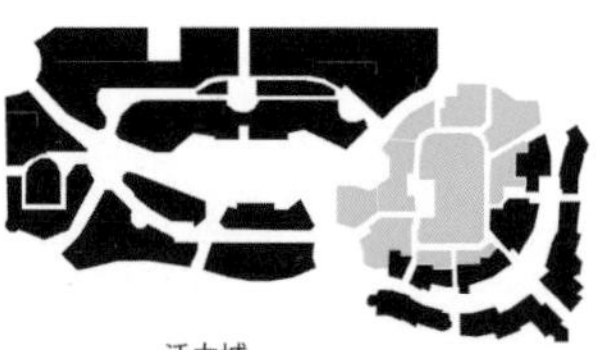

活力城

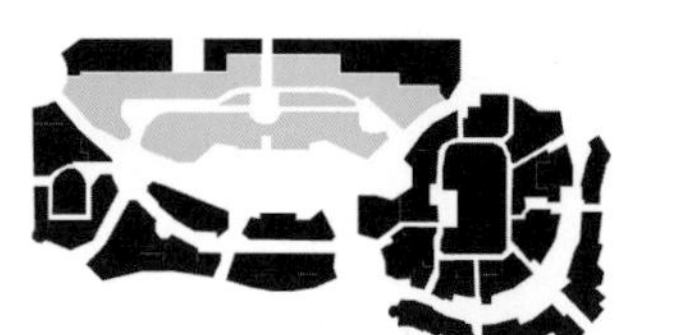

购物中心

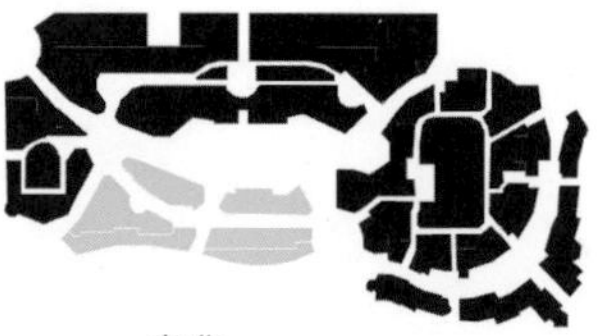

高 街

adidas
Babela's kitchen
AMERICAN EAGLE OUTFITTERS
LIVE YOUR

4.5 布尔乔亚的狂欢

蓝色港湾

布景式的设计对于消费力的带动是立竿见影的，却很少有人意识到城市商业空间对大众审美潜移默化的影响作用。“狭义后现代主义”和“历史拼贴主义”在中华大地上四处泛滥。正如地产商津津乐道的“南加州”、“地中海”风格一样，简化的西方符号和粗糙的情景生产，让原本就缺乏系统性审美基础的普通民众对于什么是真正的时尚和美学越来越迷惘。在这锅消费主义的温水里，大众如青蛙不知不觉地走向昏聩。正如王小波多年前早已预言的那样：“生活，正不可避免地走向庸俗。”

蓝色港湾如今人气依然旺盛，说明多样化“商业空间形式叠加”的操作策略是成功的。相对于一般的Mall它提供了阳光和空气，相对于传统商业街它又可以随时逃避入舒适的室内——时间维度被无限拉伸了。对比于北京购物中心的火爆，其发源地美国的情形却不那么乐观了——特别是郊区的 Mall 许多已经出现了倒闭和荒废。中国的商业强劲势头有两个西方无法比拟的因素：超高的人口密度以及大众对于物质消费近乎狂热的追逐。

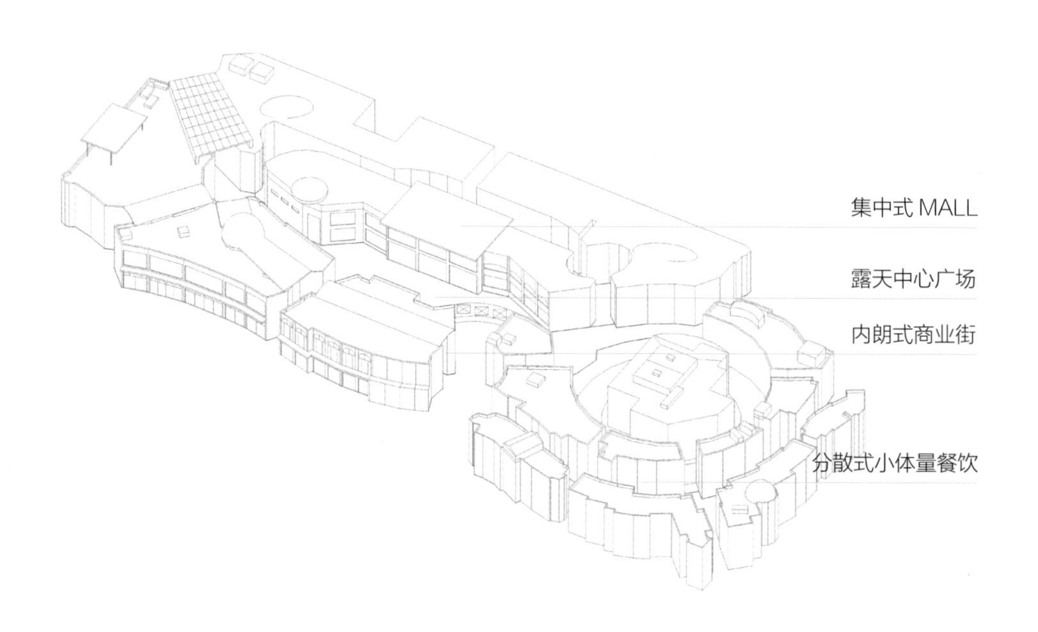

ZARA
ZARA
Levi's
Kafelaku Coffee

4.6 以退为进

蓝色港湾

蓝色港湾商业街最大的智慧在于“以退为进”，即其处理不同高差的商业平台之间联系的能力。前后两段商业街相差了整层的高度，利用阶梯将上下两重街道相连。下层平台的临街面向下层街道展开，而其上则拉伸出体量，与二层街道形成新的对位关系。对于空间的精确利用到了无微不至的地步，连阶梯两侧的狭窄空间也被处理成下部集中商业的入口。通过退台与错层，蓝色港湾做到了对于所有立面的商业价值最大化。

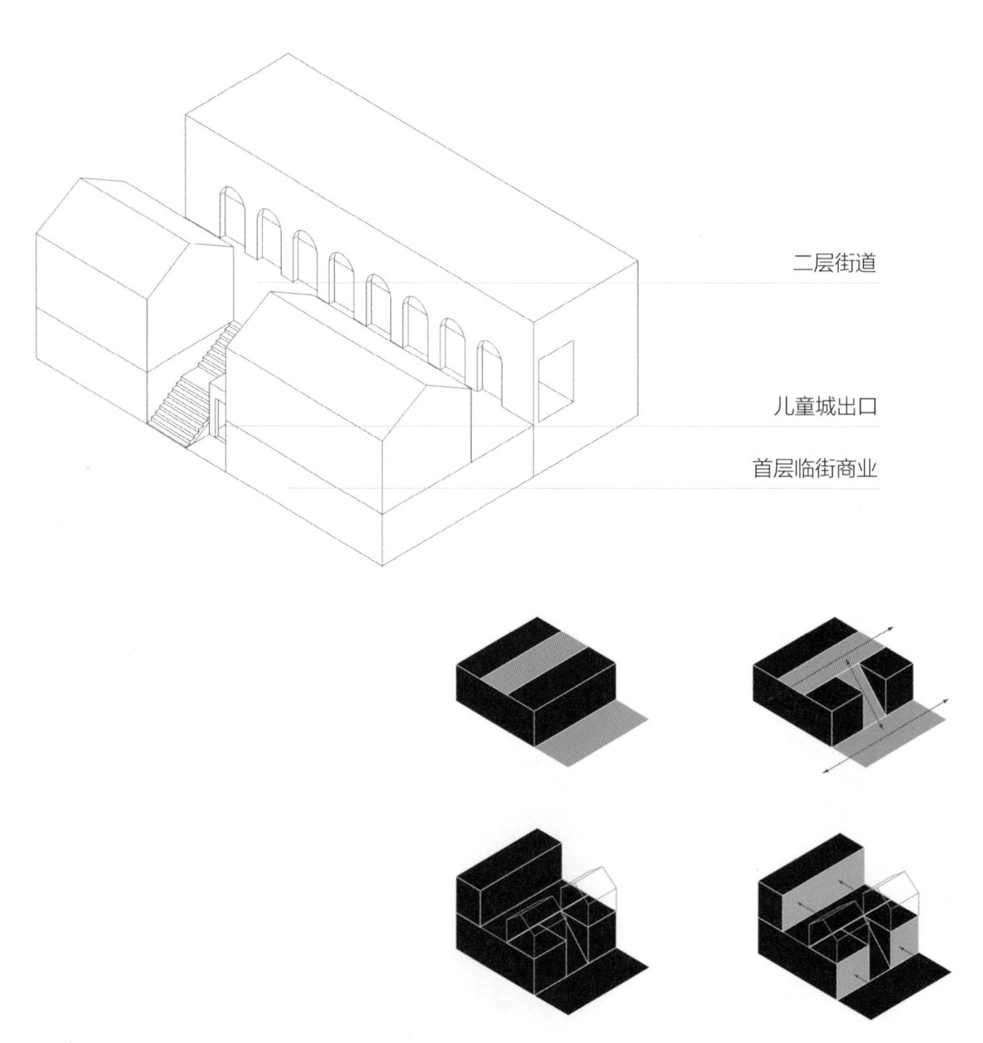

儿童城
Kid's Town
儿童城
Kid's Town

4.7 另辟蹊径

蓝色港湾

为了丰富街道立面，大量简化的拱廊在户外出现，有效增加了空间的深度。它们姿态如此特别，如同席里柯绘画里的抽象元素一般让画面充满了孤寂的神秘感，同时又容易让人联想到阿尔多·罗西对于城市类型学的概括。柱廊呈现的秩序感并不鲜见，但过于规律的韵律也常常让人审美疲劳。为了强调入口，商家将一些入口做成方盒子，以非常规的角度“楔入”柱廊中，如同一个突然出现的惊叹号，让人意识到出入口的存在。

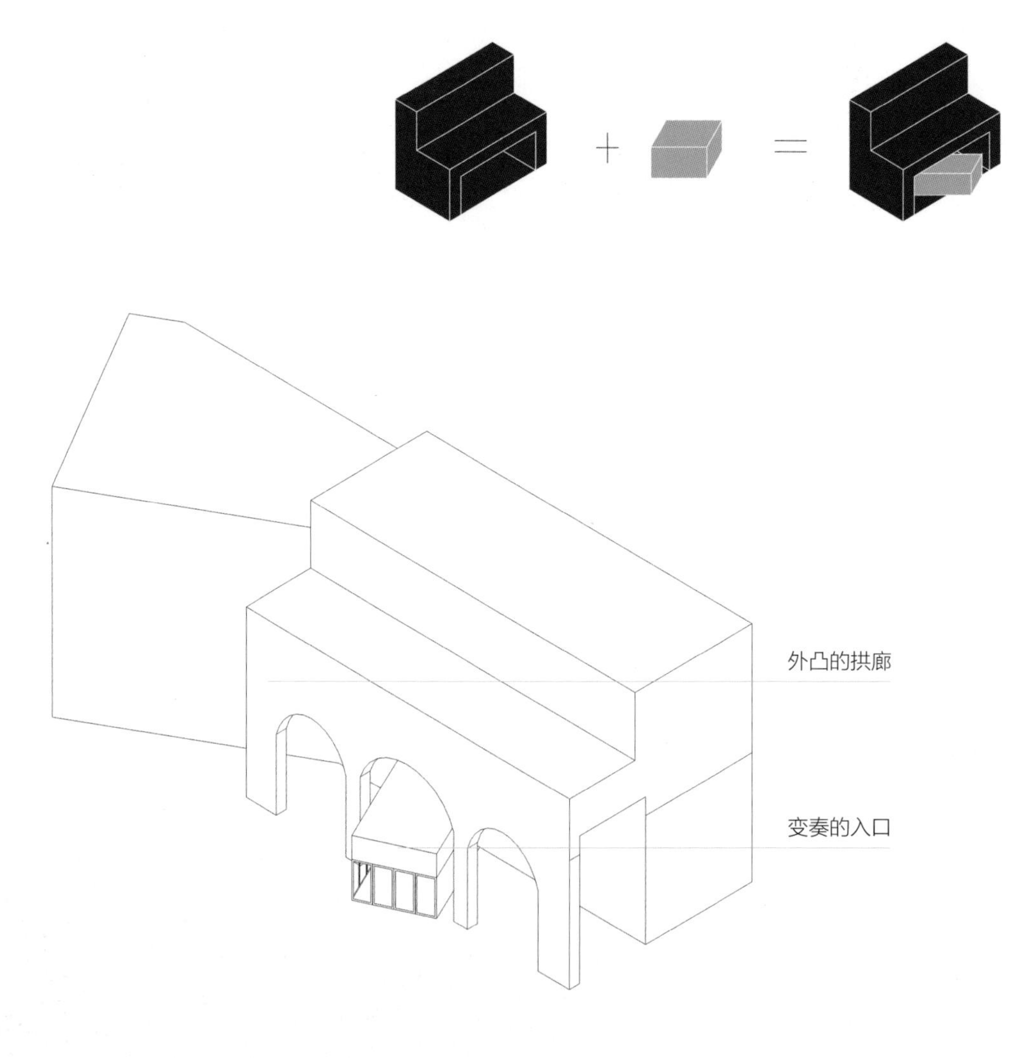

EXTOP

4.8 步履不停

蓝色港湾

在北京这种典型的夏热冬冷地区，如何让人群在商业设施户外平台之间自由流动，是所有商家面临的共同难题。多数时候人们会选择主动退缩在温度怡人的室内。蓝色港湾用了多种形式来处理高差：缓慢的长坡道让人们在不觉间已经过渡到另一层平台，另外，一个方向的通路可以出现多种上下行的方式，例如这个角落：自动扶梯、坡道与大阶梯并行出现，但指向不同的层高。而在阶梯上方，则有横亘的天桥在平台之上将人流引到中心地带汇合。

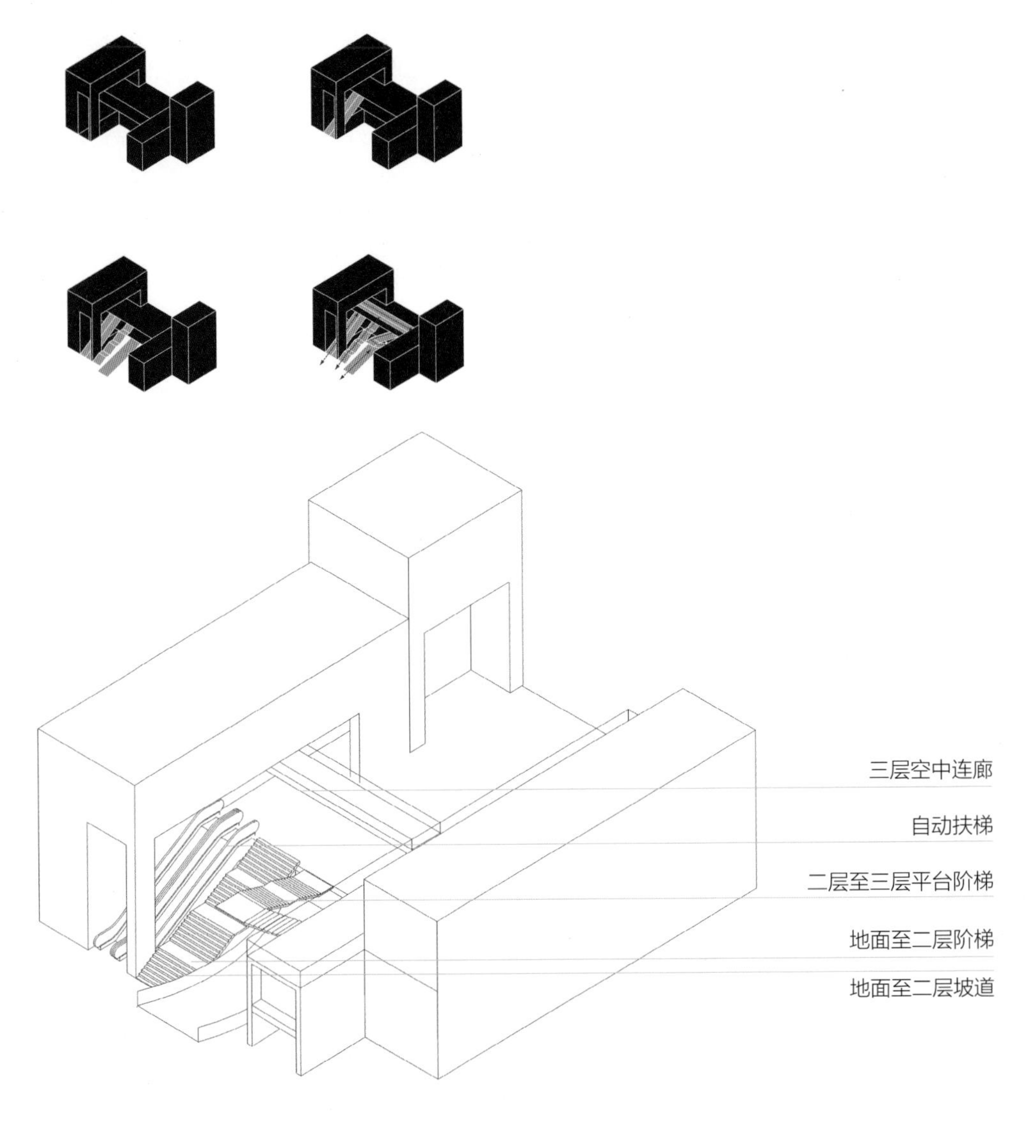

Kids' Town

猫屎咖啡 Kafelaku Coffee
BECOME

4.9 十面埋伏

蓝色港湾

在临湖一面的出口，建筑群形成一个半圆形的广场向湖面开敞。利用天然的景观资源，此处业态转变为以餐饮和休闲为主。高低错落的仿欧式建筑以广场中圆形雕塑为中心，形成若干条放射状的街道。细节的粗糙被街道形成的纵深感所掩盖，顾客的视线焦点也成功地被迅速转移至高耸的钟楼和复杂的喷泉上。这种用手法的丰富来掩盖粗放审美的做法被反复采用，屡试不爽。多数餐厅均在水岸边设置外摆区，即使北京天气真正能在室外停留的时间并不很长，但仍然抵挡不住在湖岸边用餐的情调感。毕竟，在北方如此干燥多霾的气候里，能够临水而居是多么奢侈的诉求。

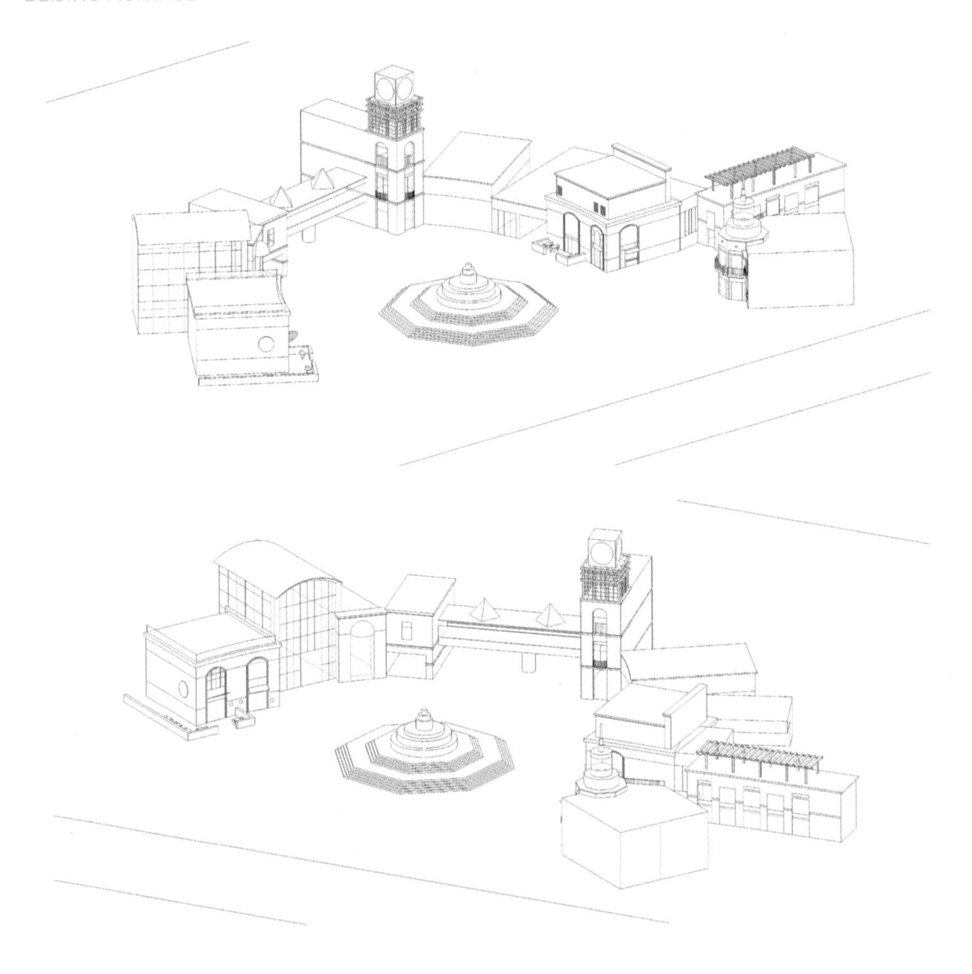

4.10 暗度陈仓

传奇时代 @ 蓝色港湾

在坡道延缓的尽头，影城不经意地突然出现，这令人错愕的停顿如同它的名称“传奇时代”一般充满传奇色彩。影城在地面上的部分不甚起眼，全透明的的门面向内侧凹陷，而一侧两层通高的柱廊以顺滑的弧形与影城折现的雨篷形成拓扑式的呼应。真正的玄机在于影城内部：门厅内只有票务柜台和数个海报，而蓝丝绒的地毯、黝黑金属色的墙体和锃亮的自动扶梯将人群直接向地下影厅引流。猩红色的沙发与镜面的通道，是将地上世界的居民由现实带入电影梦境的时光机器。

由于天然的地利优势，虽然传奇时代影城规模并不大，却常常被包场作为很多电影的首映礼观影地。荧幕里的人常常在同一条通道里身着华服走过，这是传奇的另一重隐匿含义。

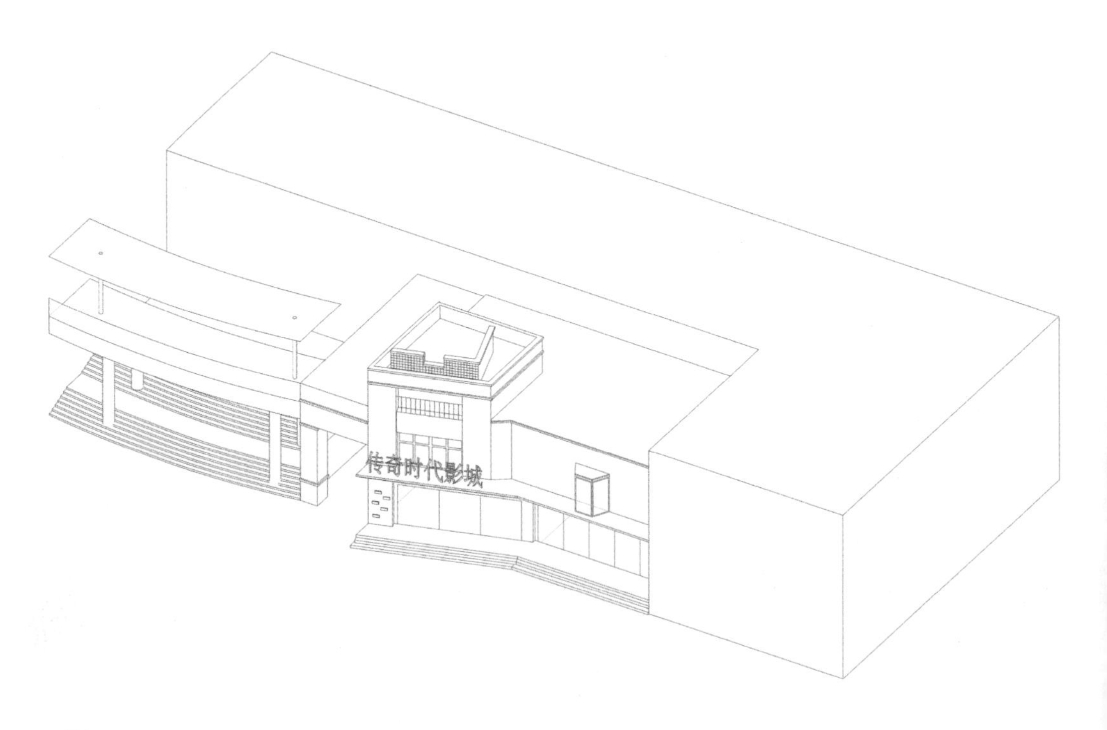

优酷
Tube Station
PIZZA
S传奇时代影城 SAGACINE

4.11 西城的潮流转折

大悦城 @ 西单

作为北京传统三大热门商业区之一的西单，在 2008 年之前商场云立，但绝大多数都以传统百货形式为主。西单大悦城的出现是该片区由百货向 Mall 转变的先行者。在周边邻居都是以沉重石材形成的敦实封闭的外立面为基调时，大悦城一身透明多变的时尚玻璃幕墙外观使它像一个见过世面的远归者，它的存在仿佛暗暗带着讥诮的笑意。大悦城创造了几个西单的第一：是最早引入跨层飞梯的商场，双梯将大量人流直接从二层带至六层；在众多低层商场均不景气的情形下，将商业做到了九层，且每层生意兴隆；拥有最复杂的平面布局和业态分布，并且中庭数量也首屈一指；是最新引入 H&M、Zara、优衣库等国际快销潮牌的商场……故而瞬间吸引了大量年轻人。

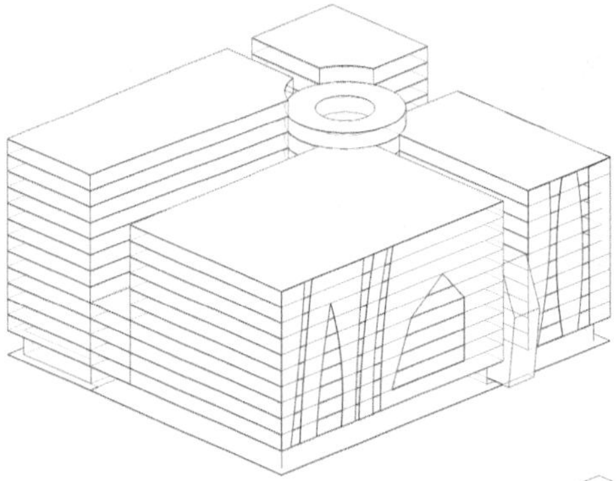

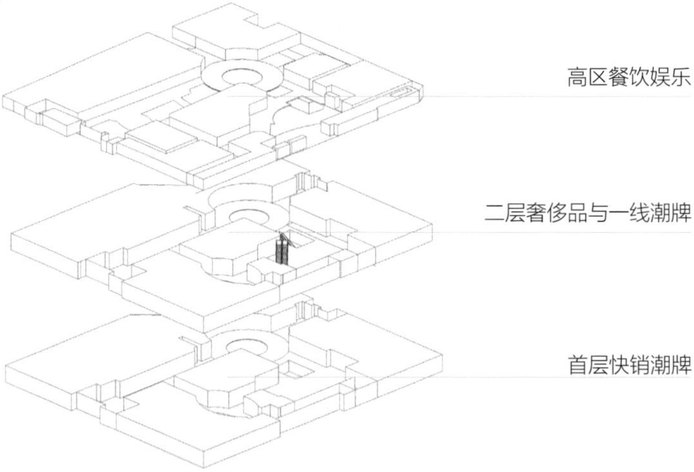

高区餐饮娱乐

二层奢侈品与一线潮牌

首层快销潮牌

SWAROVSKI

4.12 传统百货新生

君太百货 @ 西单

中规中矩的平面、对称的外立面、混凝土加上千篇一律的水平长窗，唯一的变化就是两道垂直的弧形交通核……老牌商场君太百货处处体现出一种上世纪 90 年代的气息——也是中国大部分百货商店的通常选择。百货是以大平层平面加开放式售货柜台为主的商业形式，在注重商品实用性的年代，它占据了主流的商业份额。时间走到了 21 世纪，以追逐时尚、品位为第一要旨的时代，新新人类们更在意款式、潮流和“酷”，同时，店铺的空间和陈列也成为判断品牌格调的要素。占据了黄金地带的百货店们如不变，则必将消亡。商人的嗅觉总是最灵敏的，君太迅速根据市场需求做出了调整——虽然平面布局缺少中庭这一视线沟通的关键元素，但通过引入先锋品牌、加强体验业态、注重空间和灯光的设计等做法，它已经迅速与身边的大悦城接近。

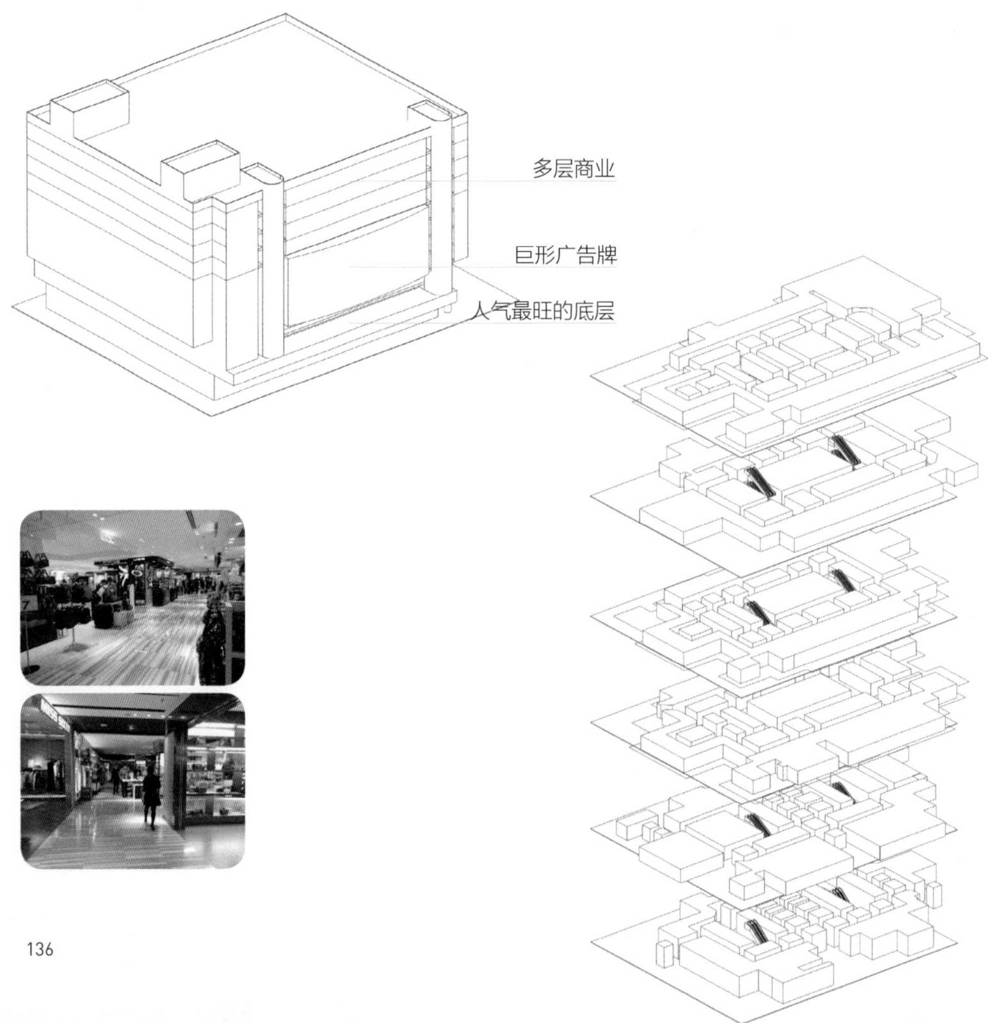

创建放心消费环境
共享首都美好生活
北京市工商行政管理局西城分局
TATOAJJI
299

4.13 时尚与媚俗

金融街购物中心

一栋建筑可以兼容截然相反的两种诉求：时尚与媚俗，现代精神与历史回溯。金融街购物中心仅仅用建筑手法就实现了：多层退台与随机出现的挑台、倾斜的格栅透光屋面，在如峡谷般狭长深远的中庭中宣誓了其现代性；而米色抛光大理石墙地面、深色压顶装饰与大量带柱础的圆柱式柱廊又难逃“奢侈空间”对于古典主义手法的一贯依赖。除了大量中国大众熟知的一线奢侈品专卖店，经营者也不忘在周末时段在中庭中引入艺术拍卖这样的活动以提升其文化品味。购物中心为其在奢侈与优雅、张扬与低调之间的某种平衡而洋洋自得，在金钱与风度之间徘徊的暧昧态度却难以掩盖一个事实：它所制造的印象效应远远大过它的实体，在观念的五维时空里，被扭曲、颠倒、混淆。它的缔造者对于商业设计的秘诀如此老到，采用了最安全的策略，但过分折衷也就失却了锐度，最终反而变得面目模糊。

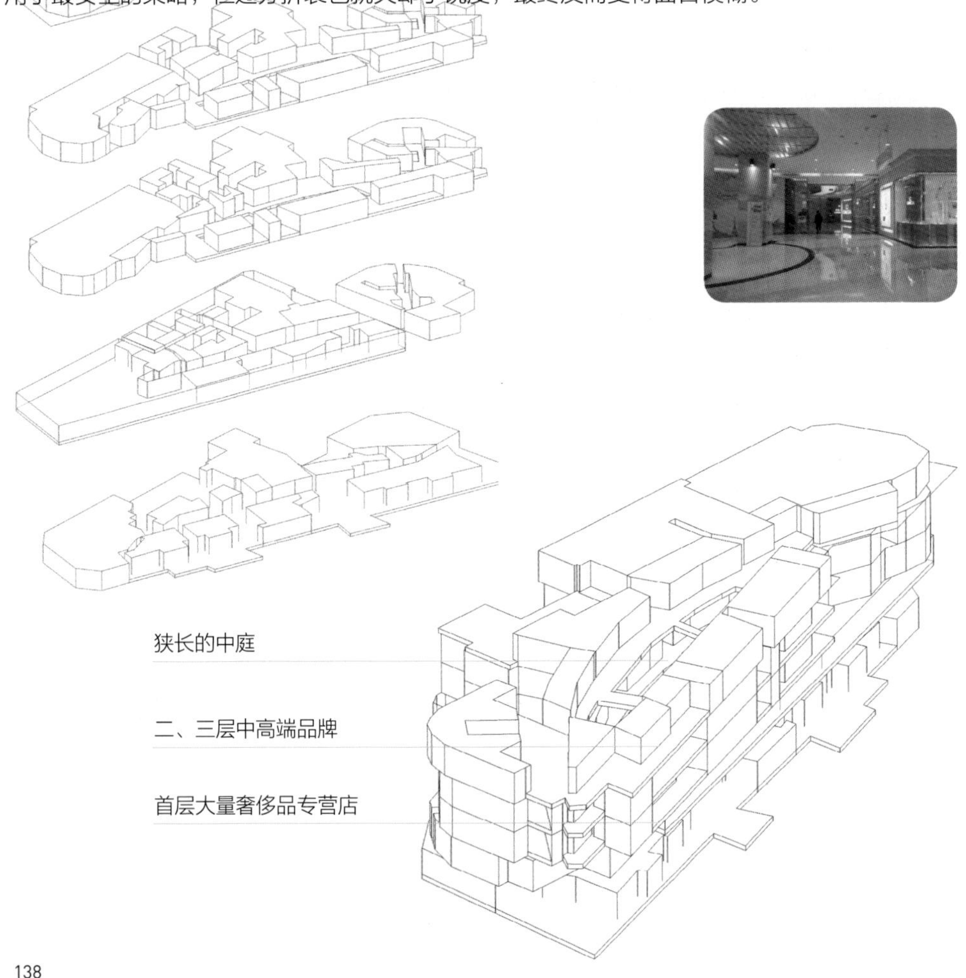

中国人寿
CHINA LIFE
幻变
新生
中国人寿中心
CORNELIANI
OMEGA
CORNELIANI

BEIJING MONTAGE
文艺化 城市间隙

清華園
北京蒙太奇

第 5 章　文艺化**城市间隙**

若说北京是中国“最具文艺气质的城市”似乎并不合适，它令人咂舌的房价、拥堵不堪的交通、高冷的户籍、四处弥漫的官气，使其时时刻刻表现出一副高高在上的自大氛围，而另一方面，失当的尺度、封闭的社区和市郊因缺乏精细化管理而产生的大量灰头土脸的城市死角，又显得土气十足。种种迹象都很难与”文艺“二字联系在一起。但这里的确是全中国文化艺术从业者与艺术机构（院校、场馆、行业协会）数量最多、最集中的城市。

看看文青扎堆的豆瓣同城就可以知道，别的城市想要看个实验话剧或者听个 Live 现场，或是看一场先锋艺术展，或是点映一部小众电影，机会甚是难得，但是在北京，几乎每天每个角落都有各种活动供你选择，你只会嫌自己分身乏术或时间不够用；别的城市到场的嘉宾可能只是一些业内不太知名的创作者，但北京的活动常常能与行业里的顶尖人物近距离接触。

作为一个政治中心，北京对于文艺具有如此强大的吸附能力的确令人费解，但事实就是如此。连韩寒刚出道的时候都要专门跑到北京扎几年，“不知道为什么，反正所有人都跟你说，如果要做文艺，一定要去北京。”

除了国家大剧院、国家博物馆、国家图书馆、北京电影博物馆等这些殿堂级的文化场所，大部分北京的文艺空间其实潜藏在许多不起眼的“城市角落”里。最为戏剧爱好者向往的“人艺小剧场”躲在首都剧场二楼的一个小空间中，数百平米的场地每次仅能接待百名观众，但并不妨碍它成为先锋戏剧的圣地；真正小众的艺术影片可能在商业院线里根本没有容身之所，你却可以在北京电影学院或者小西天的电影资料馆静静欣赏，片末还可以听主创团队谈谈创作理念；库布里克书店或者是单向街书店时常会有不同代际的作家畅谈他们的写作经验，与围坐一圈的读者粉谈笑互动；而真正的资深文艺青年懂得，要看真正先锋的画展往往并不是在798，要么去央美的展厅，要么可以去东郊的宋庄，才能大开眼界……所有的这些场所都有一个共同特征：小。但这种退隐的微末气质也许才是文化粉心目中理想的所在。它们星罗棋布于城市的各个角落，各具情态，存在于每个文青心中的隐秘地图中，在官方的宣传手册里往往难觅其踪。

5.1 正统与实验

首都剧场

坐落于王府井商圈的附近，苏维埃共产美学的三段式立面，具有强烈的宏大叙事年代的特征，容易让人联想到“老莫”等同类型的事物。自带的文艺气质与王府井驳杂而浓烈的商业气质似乎分属两个世界。两个剧场每日上演不同的剧目：主剧场偏向传统话剧形式，剧目偏经典、盛大、正式。而为广大文青所乐道的“人艺实验剧场”（俗称人艺小剧场）则更具有探索精神。不到一千平米的空间内，仅仅能容下数百位观众，舞台与观众席没有高差，使观众能更近距离接近表演，浸入感也更强。据说京城文化圈和影视圈一众大腕时常会低调来此看戏。新颖的艺术形式、超前的观念和实验型的表演，都成为青年演员或话剧团体锻炼自我的绝佳场所。

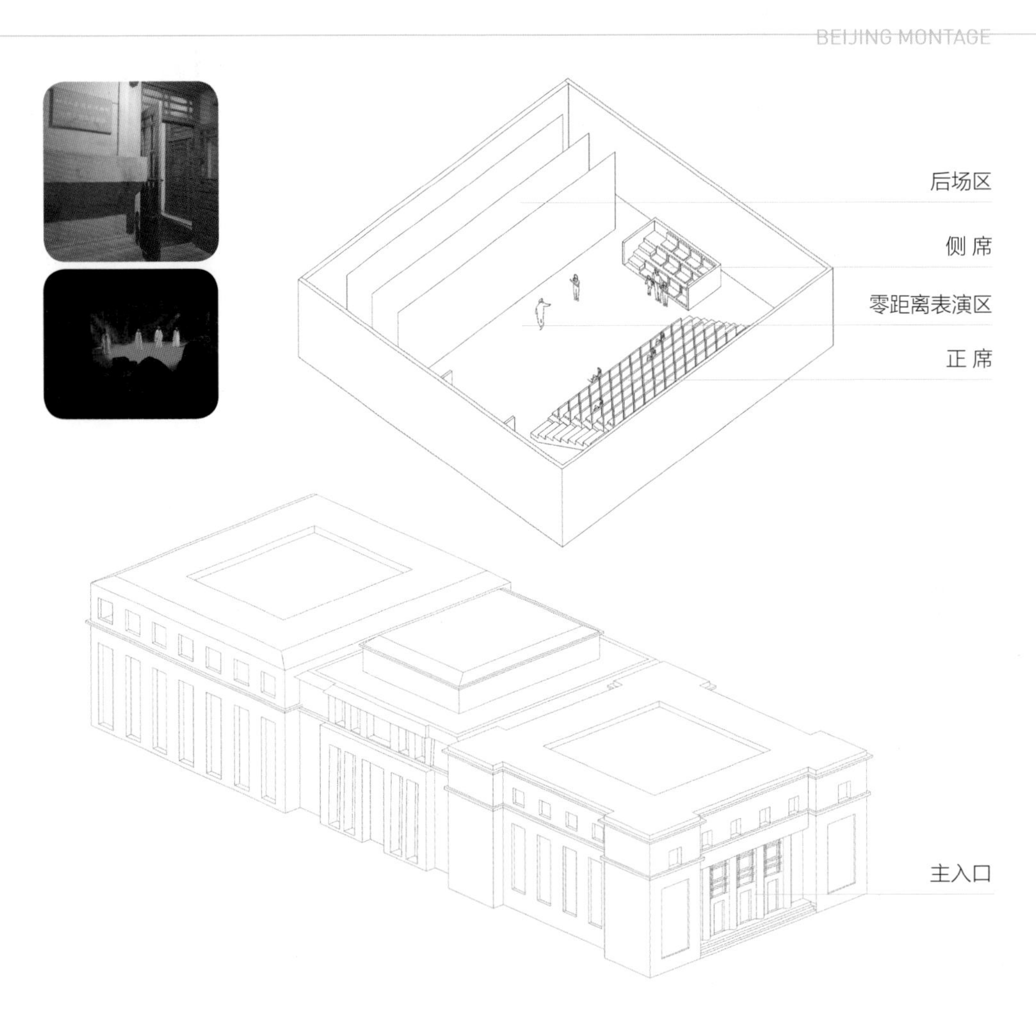

北京人民艺术剧院

5.2 边际效应

戏剧书店

同类属性的功能总是以并存或附加的方式存在，以加强场所的精神特征。除了主剧场与实验剧场之外，在首都剧场的一侧小门中，还隐藏了一家特色的“戏剧书店”。推开木门会有门铃响动，深色木质的书架整齐排列，透出中古气质。低柜的书籍摆法似乎都还是80年代的方式，仿佛时间停滞一般。这里能找到各类戏剧相关的书籍杂志：戏剧理论、人物传记、剧本合集、剧作导引等等，古今中外各门各派无一不全。

这风雅的所在意义早已超越了商业本身，它是品位的驿站，趣味的港湾，在等候戏剧开幕前或散场之后，在此徜徉片刻，哪有比这更有文艺范儿的场所？整个人似乎都被蒙上一层戏剧的光环吧。

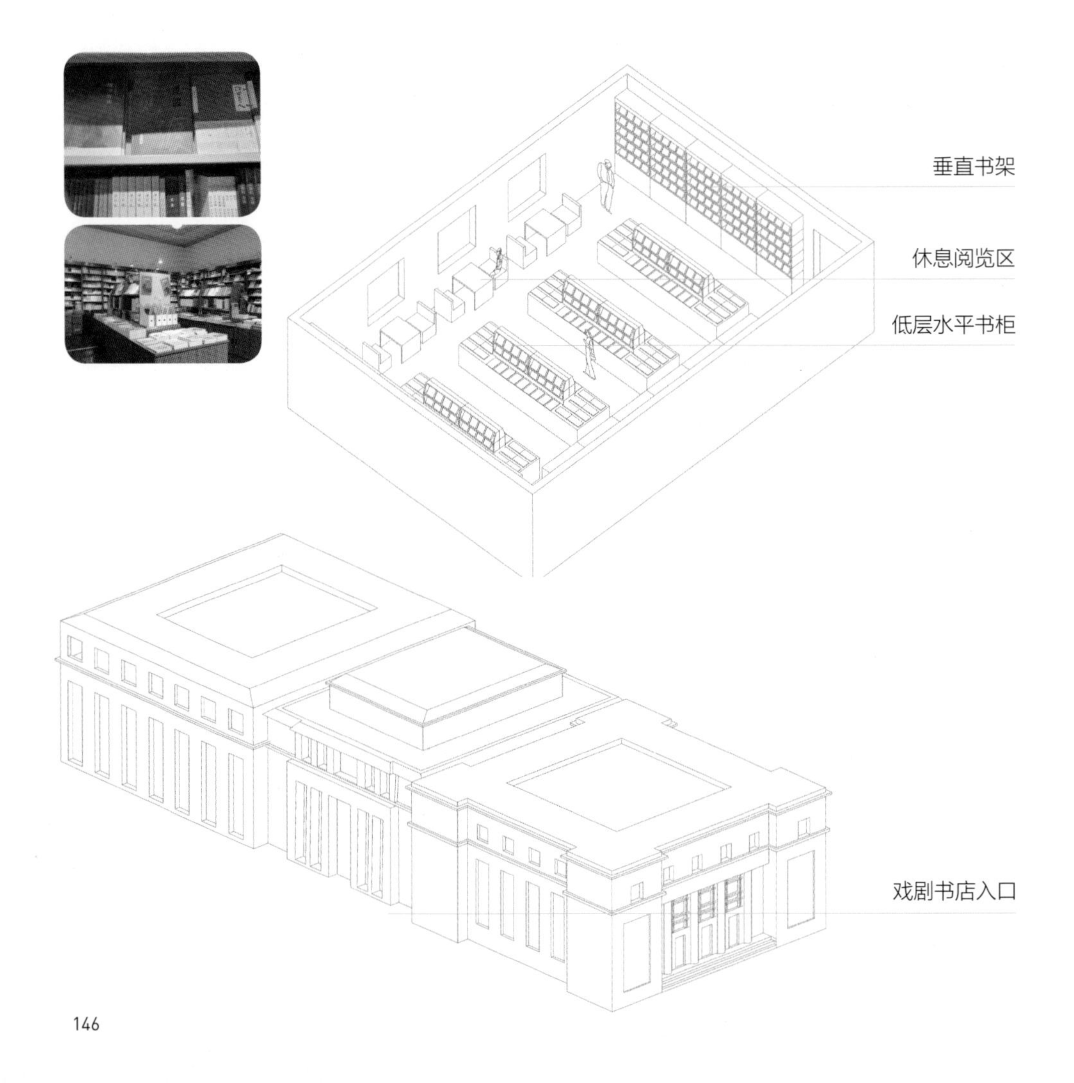

戏剧书店
Drama bookshop
戏剧书店
Drama bookshop

5.3 庙小也容大菩萨

北京电影学院

从地铁十号线西土城站 C 出口出来往北走 500 米，你很快可以到达赫赫有名的一所艺术类院校：北京电影学院。很难想象“排名世界第三位”的电影专门学府的门面竟然如此不起眼：十几米宽的校门，一块横梁上书“北京电影学院”几个校名。校园占地面积不过几十亩，却是创造了很多全国之最的地方：单位面积名人数量最多的学校；单位面积 GDP 产值最高的学校；每年艺考竞争最激烈、受关注度最高的学校（上演“万人报考，千里挑一”）的盛况。同时也是最难进的学校之一：为了拦截大量的慕名前来者及不怀好意者，学校实行严格的门禁管理制度。“有一种保安叫做电影学院的保安”，很多是为了学得一技之长委身于保卫处的电影爱好者，学校的选修课上经常能见到他们的身影。

电影学院总体规划呈矩形发展，围绕中心操场布置的教学楼与宿舍与中国大部分高校并无本质区别。电影学院建院也在新中国成立之后，所以并无北大清华那样的历史气象。但受益于产业的蓬勃发展和大众对于明星导演的巨大热情，灰色混凝土的普通小楼也能蕴藏无法想象的能量。校园南侧的长条楼栋是两个不同规模的放映厅，而最主要的院系如导演、表演、美术、摄影的系楼则在校园的西边。

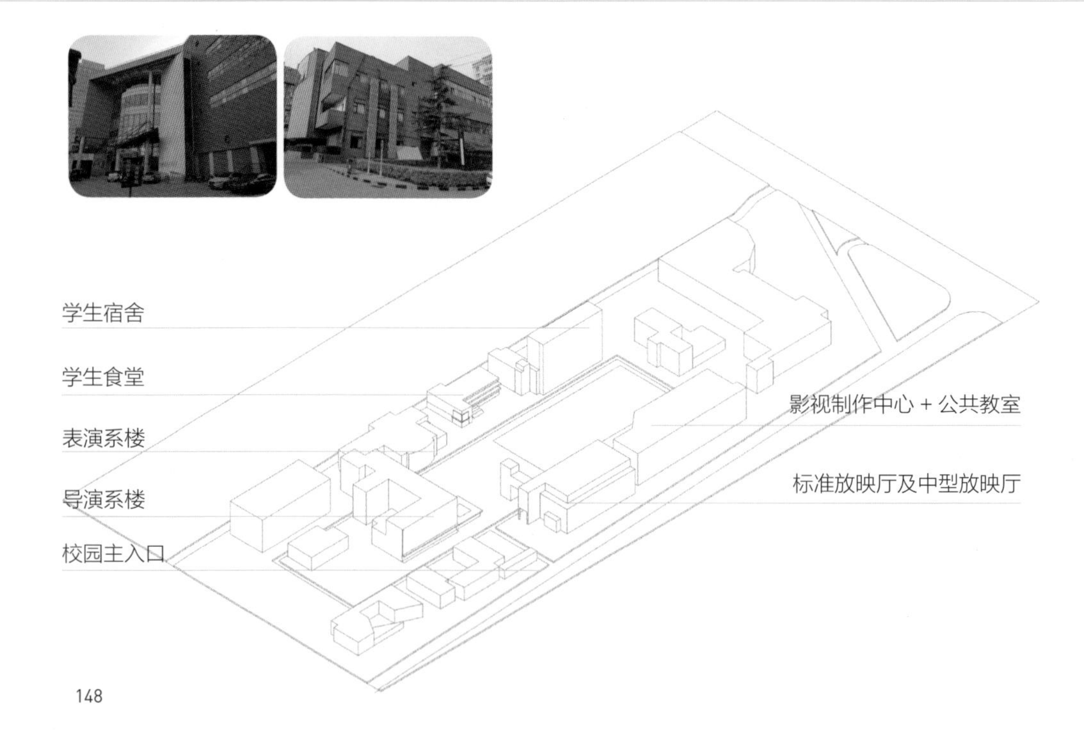

BFA
餐饮服务中心
BFA Food Service Center
复印 证件
打印 快照
D

5.4 展学一体

北京电影学院校史馆

正对校门的 A 楼是电影学院的创作核心——导演系所在地，在走廊上偶遇张艺谋或者贾樟柯也不是什么新鲜事。这里近年来还被加入重要的文化宣传功能——校史博物馆。从其展柜上陈列的校友作品、获奖记录等均可见证其辉煌。除了三大电影节的座上常客之外，还有各类新晋新锐创作者。当然最让吃瓜群众想进去一探究竟的，还是紧邻 A 楼的 B 楼——表演学院所在地。这里是“禁区中的禁区”，可能学院门口走过随便一个男女学生就是未来闪耀荧幕的超级明星。每天都有各类怀着各种目的的社会人士、疯狂粉丝前来，只为见偶像一面，而多数也只能是望门心叹。

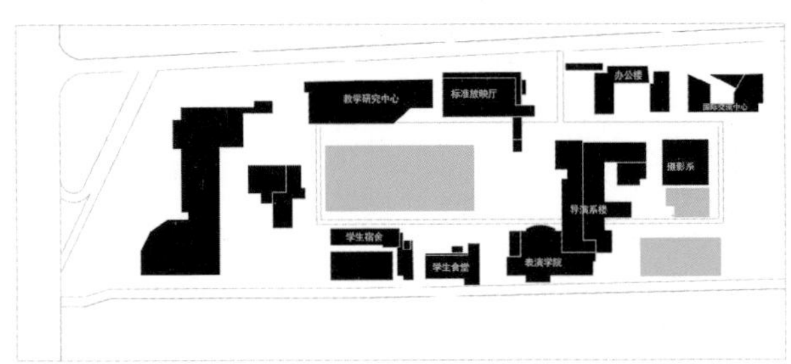

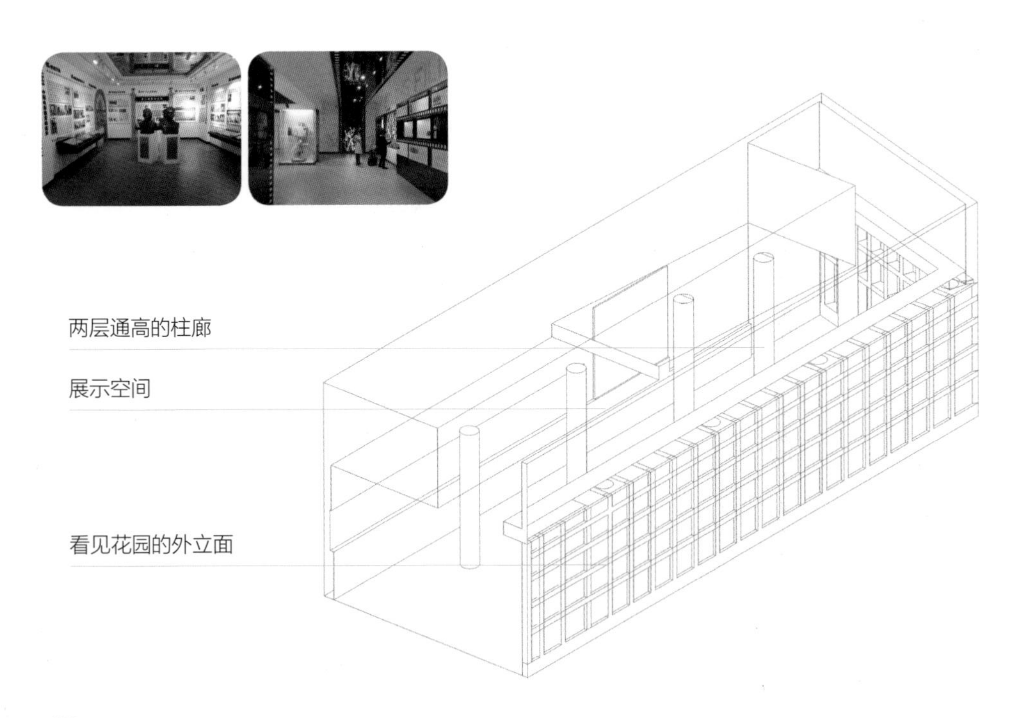

北京电影学院校史馆

5.5 创作咖啡

北京电影学院四季厅

中国电影产业 2018 年票房已超过 560 亿，每年上映影片数百部，而网络上传播的各种网络电影、网剧则不计其数。相对于如此蓬勃发展的文化产业，电影学院每年毕业生的人才供给明显是远远供不应求的。比如导演系本科每两年招生一次，每次仅招生不到 20 人，而且常年保持这个培养规模。现实需求与人才供给存在的悬殊缺口，使电影学院的非普招培养机制格外发达，有各类专业进修班十余种，且有成人职业教育作为补充，即使是这样，每年为争一非普招名额报名者也是打破了头。

电影的创作过程不同于其他专业，它往往严肃又松散，导演系楼首层有一间两层通高的中庭空间形成的咖啡厅，这里每天聚集了各个专业的学生和进修者，探讨关于电影的一切：一个灵感的可实现度，一个剧本的剧情，几个场景的调度，若干个镜头的拍法，美术或者服装的风格等等。每个人都自信满满，充盈着对于电影的向往和希冀。

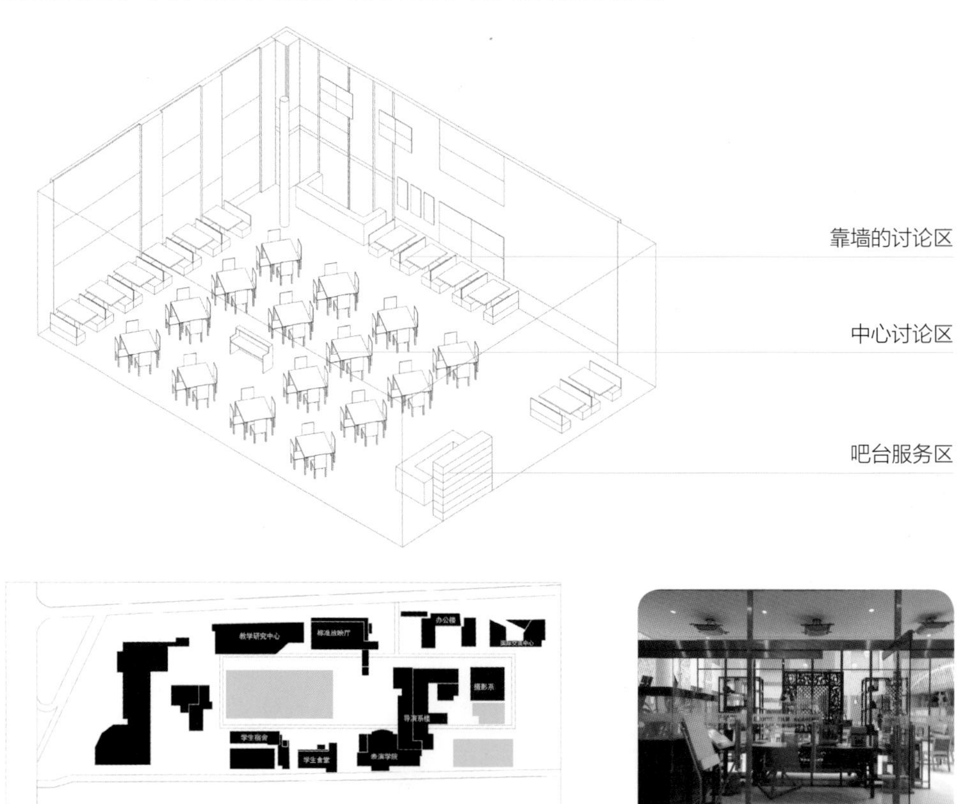

5.6 水木清华

清华园

作为国内常年综合排名第一的高等学府，清华大学的历史和地位无需赘言。始建于 1911 年的清华学堂，后更名为清华大学，至今已历经百年，因其与历届政府中央直属的关系，清华的意义早已超越了学术本身，其发展常常与国运之变迁紧密相连。也因其历史跨度之广，校园的建筑呈现出独特的历史页岩般的独特面貌，可以从不同风格的变迁解读出相应的年代沧桑：

中式大屋顶与欧式线脚主体的结合是民国时代的遗存；而严格对称布局、体量高大略带装饰的是学习前苏联革命风格的产物；体量自由简洁的多半是最近 20 年的新建院系。不同片区被河道和杨柳所串联，在四月柳絮飘飞的时节，很容易让人梦回那些峥嵘岁月。

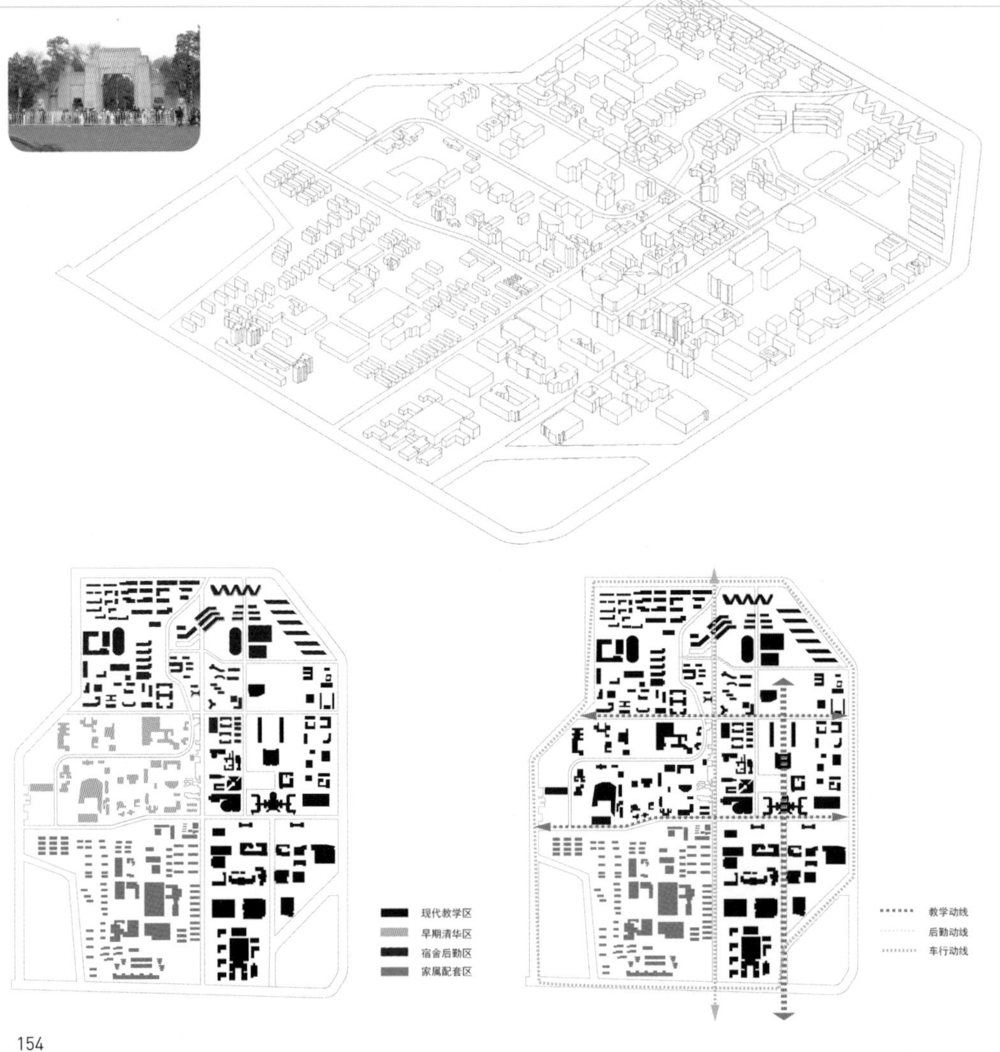

5.7 光之城垛

清华南区食堂及就业指导中心

新近落成的清华大学学生食堂与就业指导中心，位于校园南北与东西干道的交汇口，是校园中重要的空间节点。红砖砌块作为外立面主要材质，回应了老清华校园的文脉潜意识，材料本身的封闭属性并没有妨碍建筑师将其处理成一个多向开放的公共空间：多种形式的开口使人流可以从各个方向进入，室内台阶与坡道弥合了东西两侧的场地高差，而在室外则形成景观台地的节奏感。中心中厅部分数层通高的垂直交通空间，伴随着天光的引入，被赋予了宗教空间般的神圣气质。白色作为室内空间的主基调，但局部小场所也适当引入草绿、宝蓝等提升气氛的色彩。砖的多种构造法是外立面最大特色，有传统连续砌筑、镂空砌筑、外凸、内凹等四种做法，分别对应于不同的空间需求，

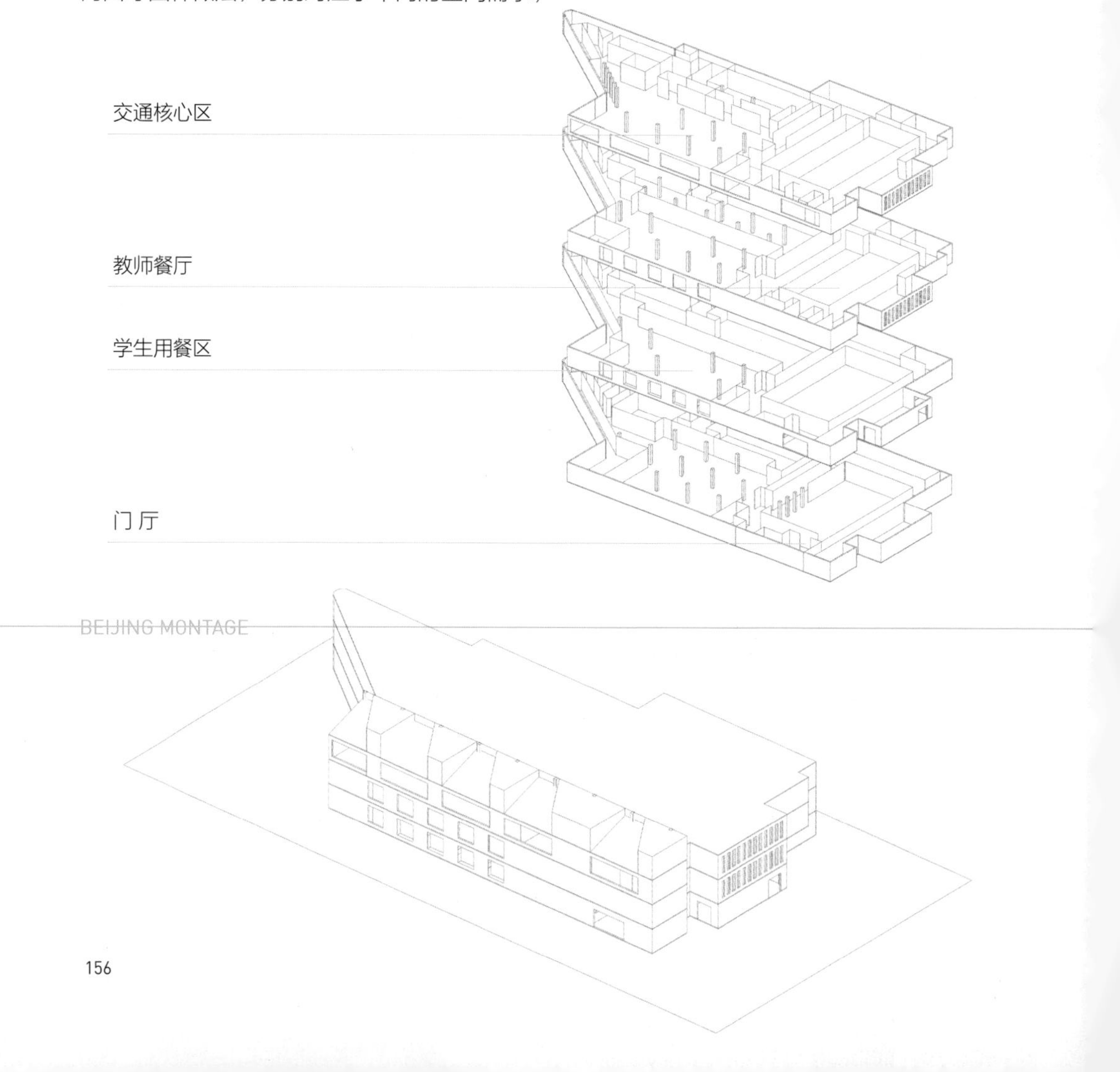

5.8 绿盒子变奏曲

库布里克书店

BEIJING MONTAGE

位于当代 MOMA 靠近入口处的底层，占尽地利优势。以导演库布里克的名字命名，充满了文艺色彩。其缘由是书店与区内影院属同一经营方。虽然叫书店，却是近年来流行的集合了小商品售卖、咖啡厅等附属功能的书吧做法。L 形的平面布局上，一侧为书架和阅览，另一侧为咖啡厅。网购相较于实体书店，价格优惠太多，故而单靠书籍销售作为唯一业务来源的书店基本已无法生存。空间设计深谙品牌塑造之道，采用绿色格构作为主要空间构成元素，除了大面积书架之外，成小组团或吊装在空中或堆叠在地上，形成统一的氛围。书店的特色是经常邀请文化界名流来做小型讲座或交流。名人效应是最好的引流方式，既彰显了书店的品位和号召力，又带来了人气。即使没有活动的时候，这里也成为城东文艺青年的重要聚集地。点一杯咖啡，在慵懒斜阳的照射下悠然地翻书是最好的休闲方式。

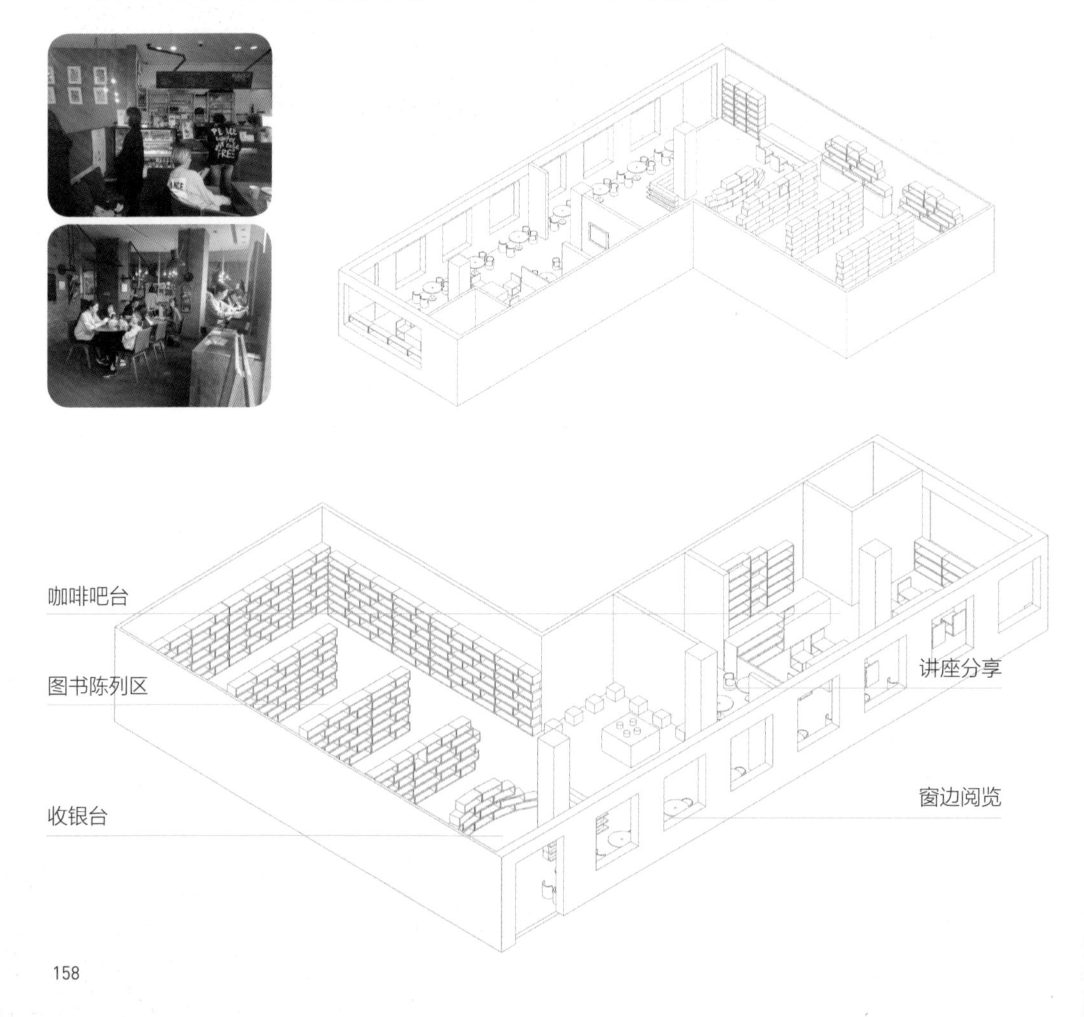

MIND
HOMELAND
HOMELAND
Thank You

5.9 软硬兼施

济安斋书店 @ 杨梅竹斜街

在纯然的传统胡同中置入新建筑是一场冒险：既要选择某些手法回应人们的怀旧情绪，又要避免过于直白使用传统符号落入流俗的窠臼。济安斋书店的策略是一种类型学上的双重取巧：平屋面与天台的叠加突破了古法坡屋顶建筑向上发展的局限，在有限的地界内创造了最大的效益，而刻意分缝的木材表皮与玻璃以一种现代的手法与传统取得了联系。天台上张拉膜的顶篷，保证了满足需求变化、收放自如的灵活性。虽然名曰“书店”，但从其功能实质进行分析，店内寥寥无几的书架和书本更像是一种装饰品——对于店名的字面式的注解。在文化外衣的包裹之下，仍然是商业实用主义的本体。

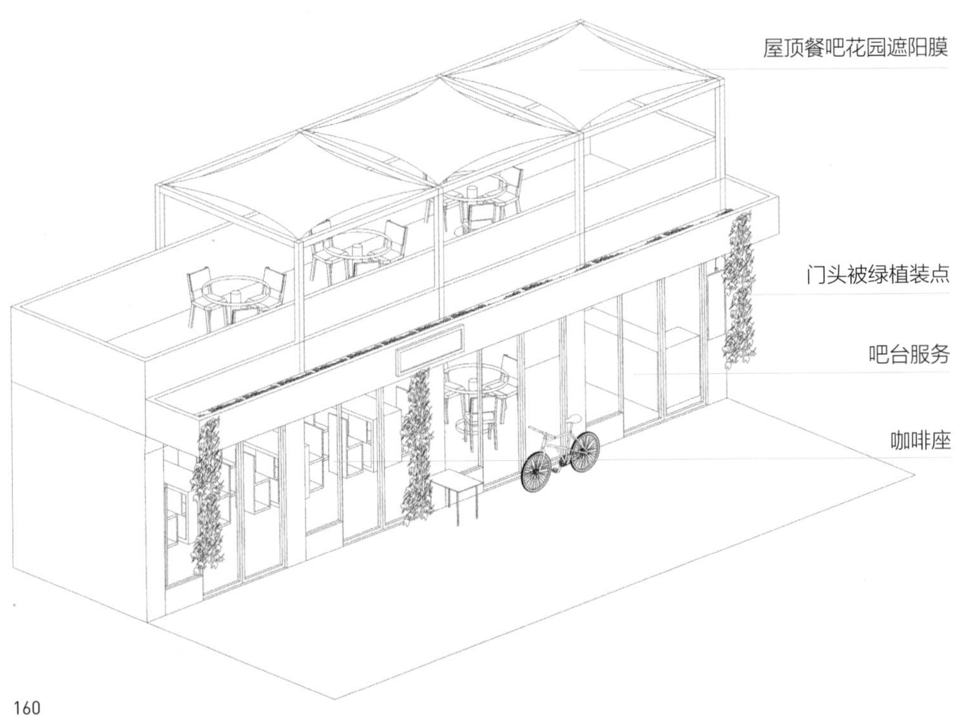

茶饮
Drinks

5.10 人喵共餐

猫主题咖啡馆

由于对于业态疏于管控，三里屯SOHO也为一些特别的内容滋长提供了土壤，比如这家“猫主题咖啡馆”。店主人是位爱猫人士，异想天开的将许多猫直接投放到咖啡厅里与客人共处。店面中央为主要的用餐区，而周边被一系列养猫的设施所环绕。座椅被设计成可以拼接推入桌子底下的花瓣状，而喝咖啡的时候随时有一只猫会跳到你的腿上。一侧的长桌上也时常匍匐着几只慵懒的猫咪。靠墙壁的一侧是猫舍，立面有各种品种的猫可以买回家。以动物作为媒介，成功地产生了眼球效应，并且吸引了爱猫人士和喜欢凑热闹的人的注意。但是否能忍受用餐或咖啡时周围弥漫的一股猫味，就看个人的忍耐力了。通常来这里的外籍人士占多数。

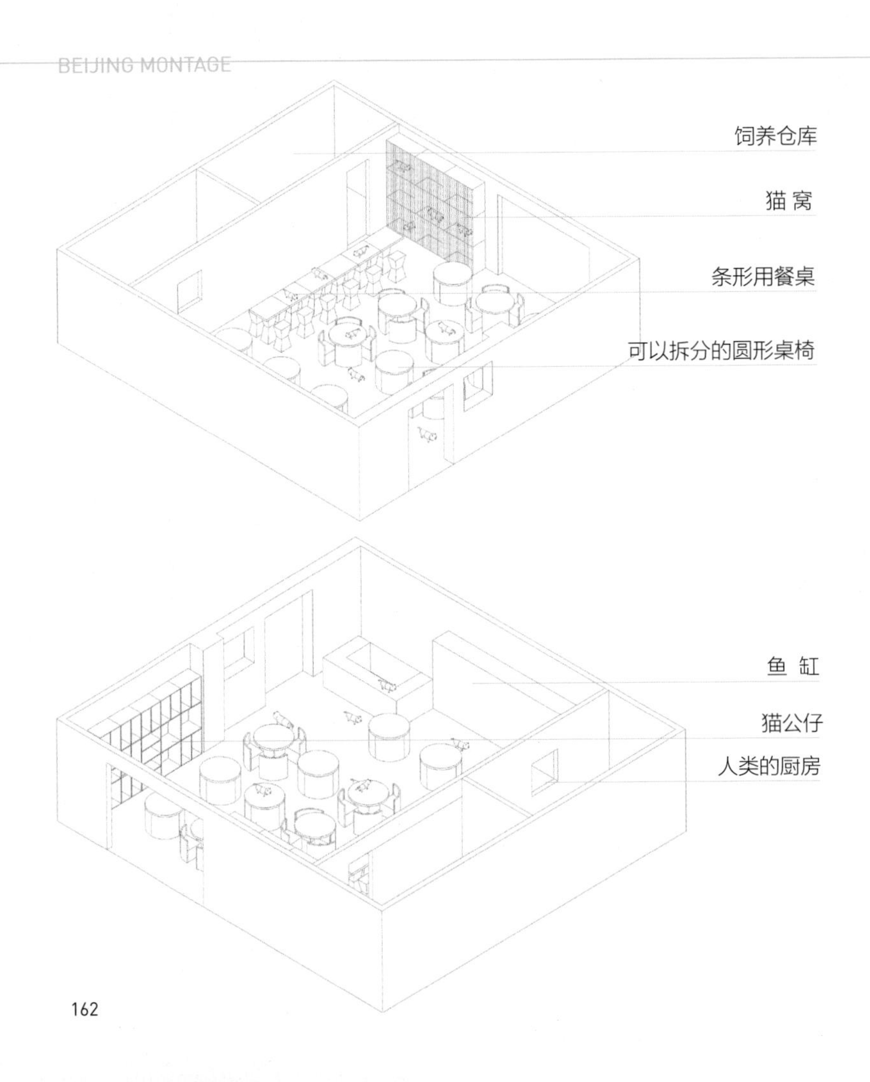

5.11 理工男与文艺女

飞马旅 @ 中关村创业大街

飞马旅是中关村创业大街上一处独特的所在，虽然名称“飞马”仍然带有强烈的创客养成意向，但它的内容组成却别具一格，是两种相异体质的兼容：创客咖啡与文艺书店。东侧为狭长的咖啡厅，浅木色的饰面和桌椅充满了浓郁的性冷淡风味，而全通透玻璃立面后面的曲线螺旋梯被书柜装点，细节无不透露出向文艺靠拢的倾向。西侧的大型空间为书店，这里可不是仅仅售卖创业经验或者编程教程的理工创业男经验集，相当一部分书是小说、文集、影视、文艺评论等文青钟爱的品类。空间整体调性与咖啡厅一致，两边空间仅一墙之隔，可以自由穿越，顾客可以随便选几本书去旁边坐着阅读，与其他创业咖啡比起来，这里的氛围要闲适许多。

飞马旅的缔造者敏锐地看出了市场的空白：在一个理工男扎堆的创客街道上，过于浓重的雄性荷尔蒙气息需要被平衡，小清新风味的书店自然能吸引女性文艺群体的进入。这种混搭给两个族群的相遇创造了无限可能。

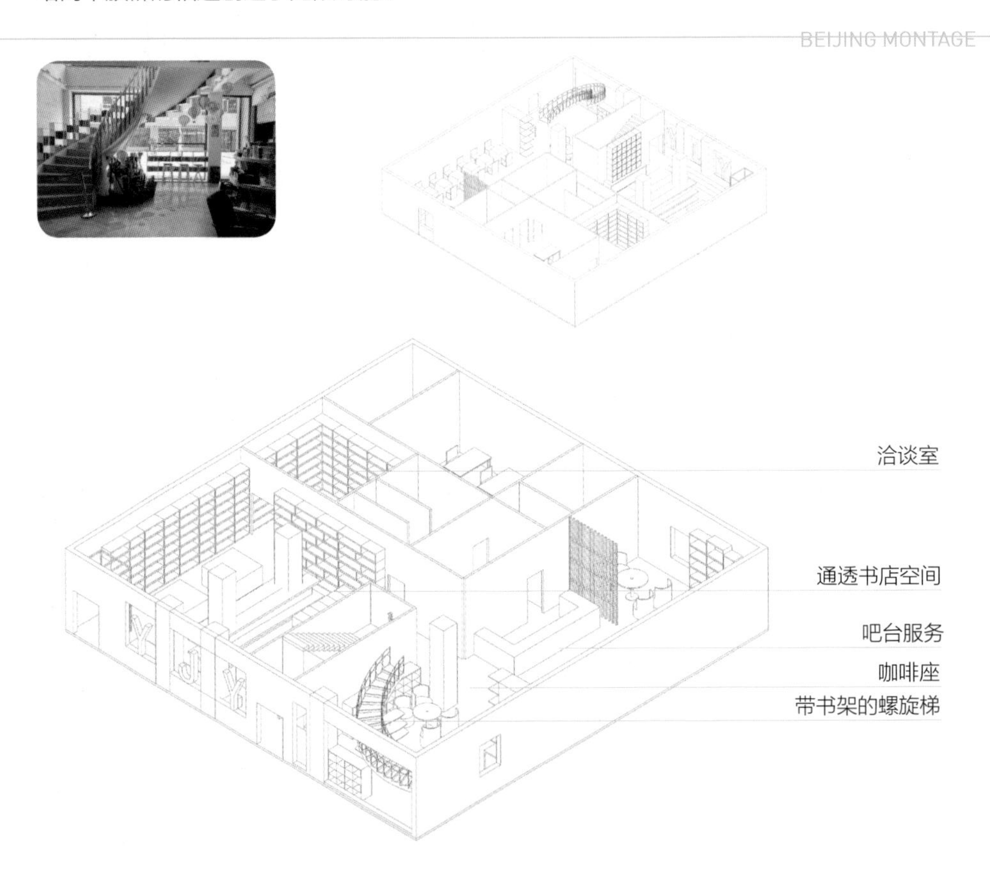

5.12 荷尔蒙立方

MIX 夜店 @ 工体北门

若问北京的新新人类周末去哪里消遣？工体北门一带的酒吧聚集地成为当仁不让的首选。北京有三大夜场区：国贸、工体和五道口。每个区域都有级强烈的圈层和地域性特色。国贸多为高级 OL 和企业经营层，场地多为如银泰秀吧这类精致奢侈、讲求格调的静吧，而五道口附近高校云集，以学生党为主，氛围年轻、疯狂而有活力。工体北路一片则集前两者的特点为一体：气氛火爆、消费适中，且风格各异，本土与海外人士均钟情于此。对于体育场馆周边的夜店聚集式生长的成因我们一度表示费解：这分明是两种不相干的事物。但深入研究我们发现这其实是绝佳的场所：紧邻传统的三里屯酒吧街，享受了氛围人气的红利，在场地面积上又具有相当宽松的余地便于发挥。

MIX 是工体夜店中的知名品牌，分为地上地下两层，上层为电子乐为主的嗨吧，而地下层则是专为年轻阶层准备的嘻哈慢摇吧。定位鲜明精准。外观为简洁的方盒子，沉稳安静，一旦进入内部，则有身体被炸裂的兴奋感。夜族称其为“荷尔蒙立方”。在这里，北京的时间被拉伸了，“你的黑夜是我的白天。”

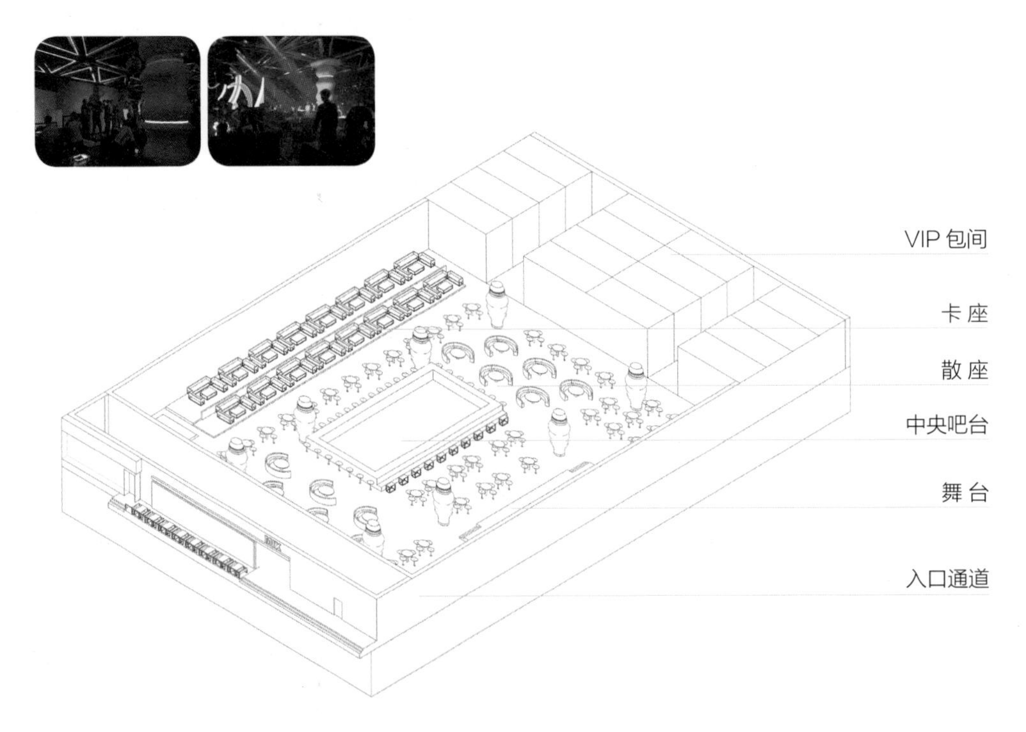

MIX
MARCH
CLUB MIX
2017/3/3
2017/3/24
DJ BOOF

5.13 天地悠悠

故宫角楼

相较于故宫内每天的人山人海，故宫后门的幽静寂寥则鲜有人知。在景山的南边、护城河的北边，景山前街是最接近紫禁城的一条故道。由于禁止机动车通行，这里从傍晚起就成了附近居民散步和情侣幽会的秘密场所。在夕阳下凭栏望向古城墙，暗红色的角楼在光照里成为一道剪影。灰色的城砖和明黄的琉璃瓦仿佛在低声诉说着故宫近六百年的兴衰往事。崇祯帝城破之前是怀着怎样的心情从景山上回望城楼？而溥仪在被软禁之时，又是如何在城头上盘桓叹息？“白头宫女在，闲坐说玄宗”，让人不自禁生出许多怀古之情。最神奇的是，这并不高大的城楼，却在四季和晨昏呈现出完全不同的格调：夏日白昼金碧辉煌，肃穆庄严；冬日傍晚寒冰披河，白雪淡抹，平白生出一股悲凉空寂之气。确定的是，只有在这个角落，才能悠忽地忘却现代生活，一下子站在历史的面前。

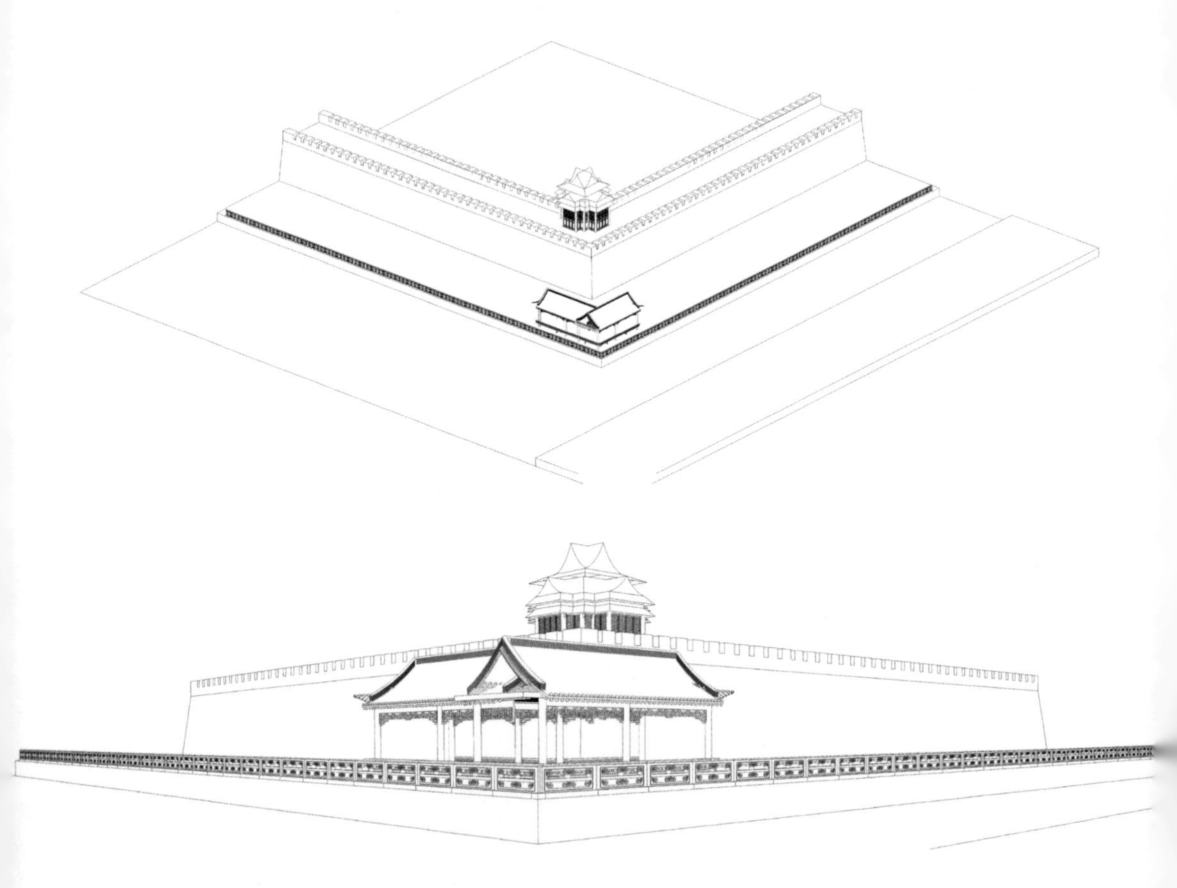

BEIJING MONTAGE

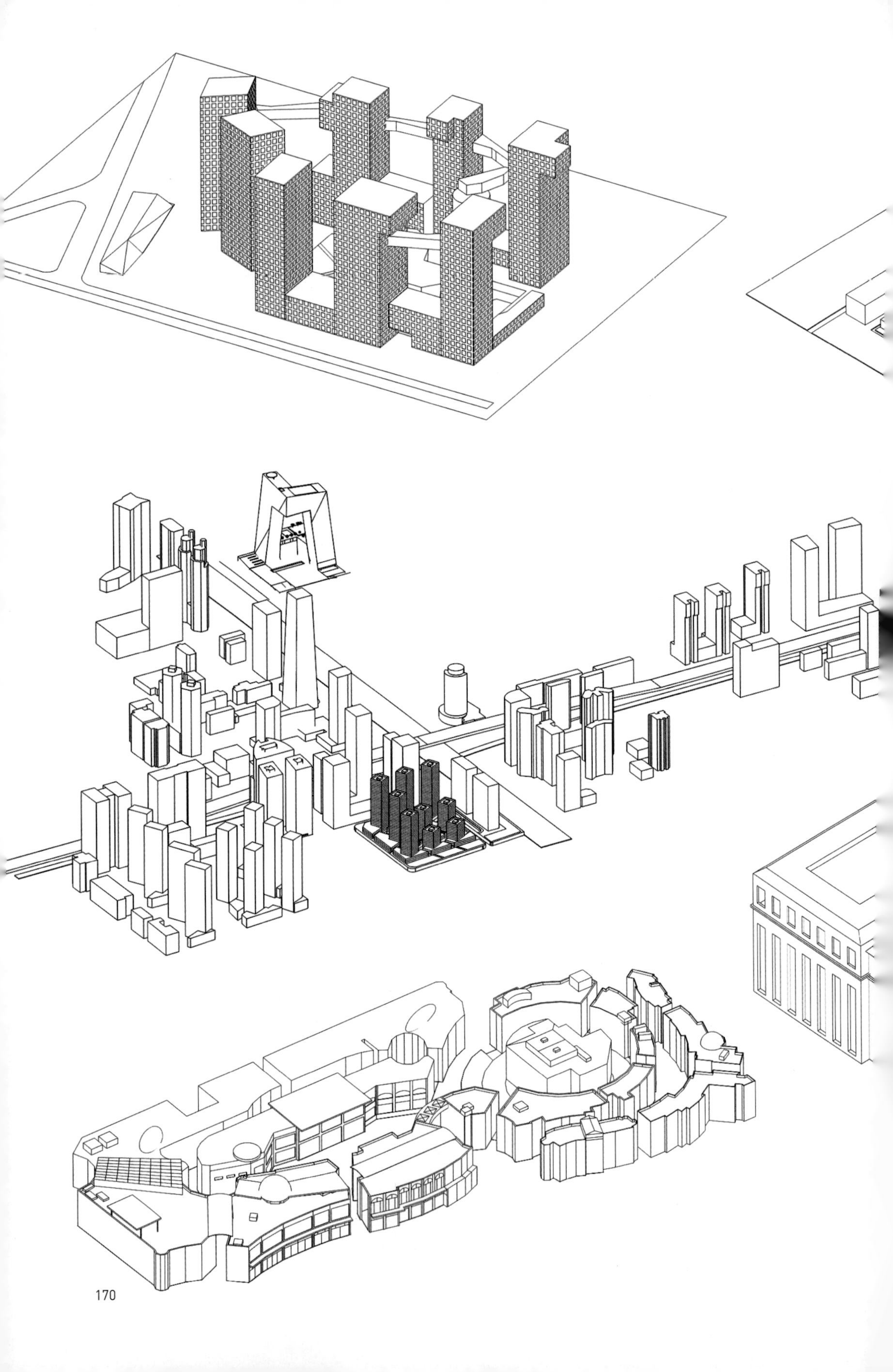

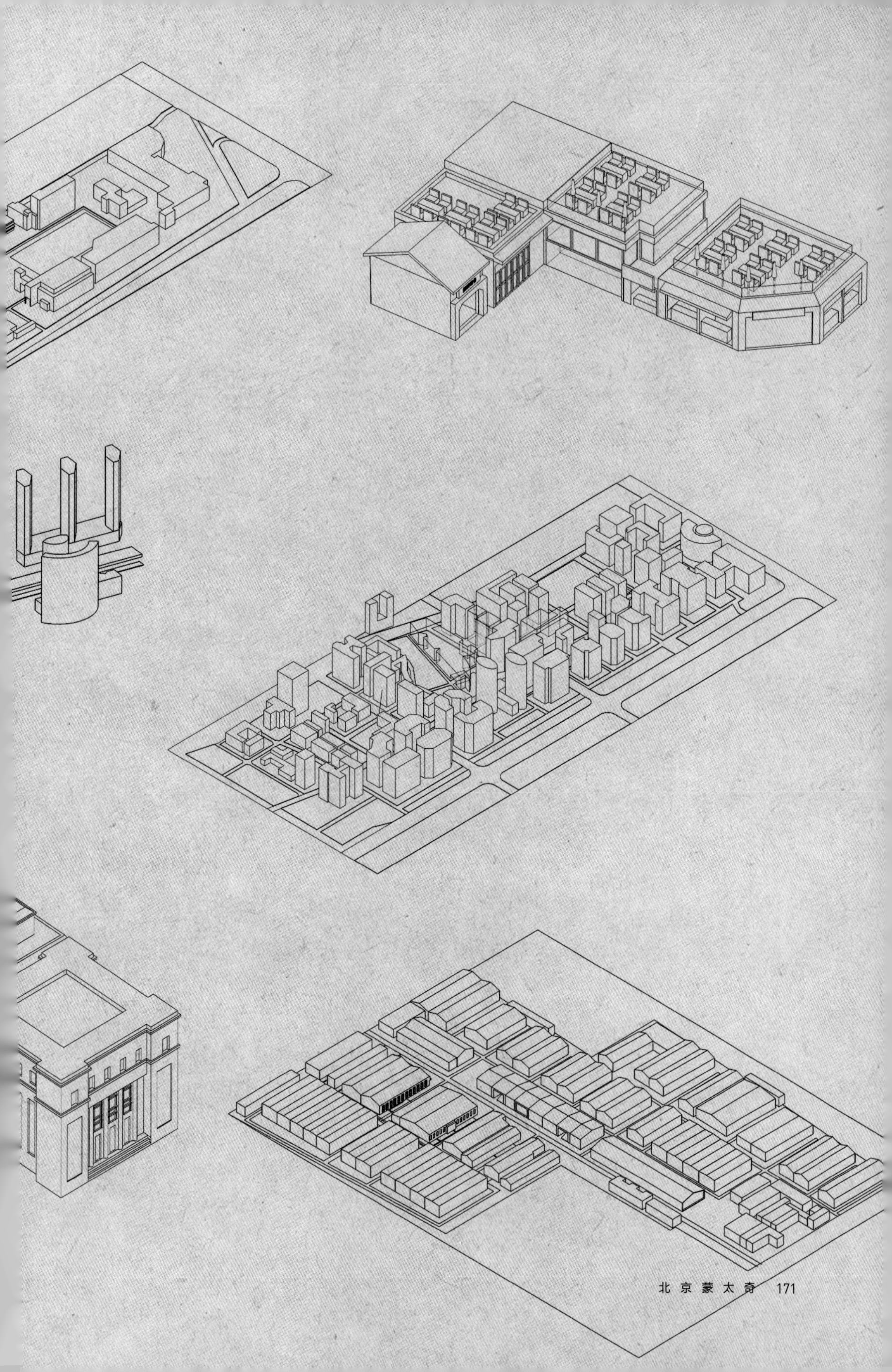

隐形逻辑

香港，亚洲式拥挤文化的典型

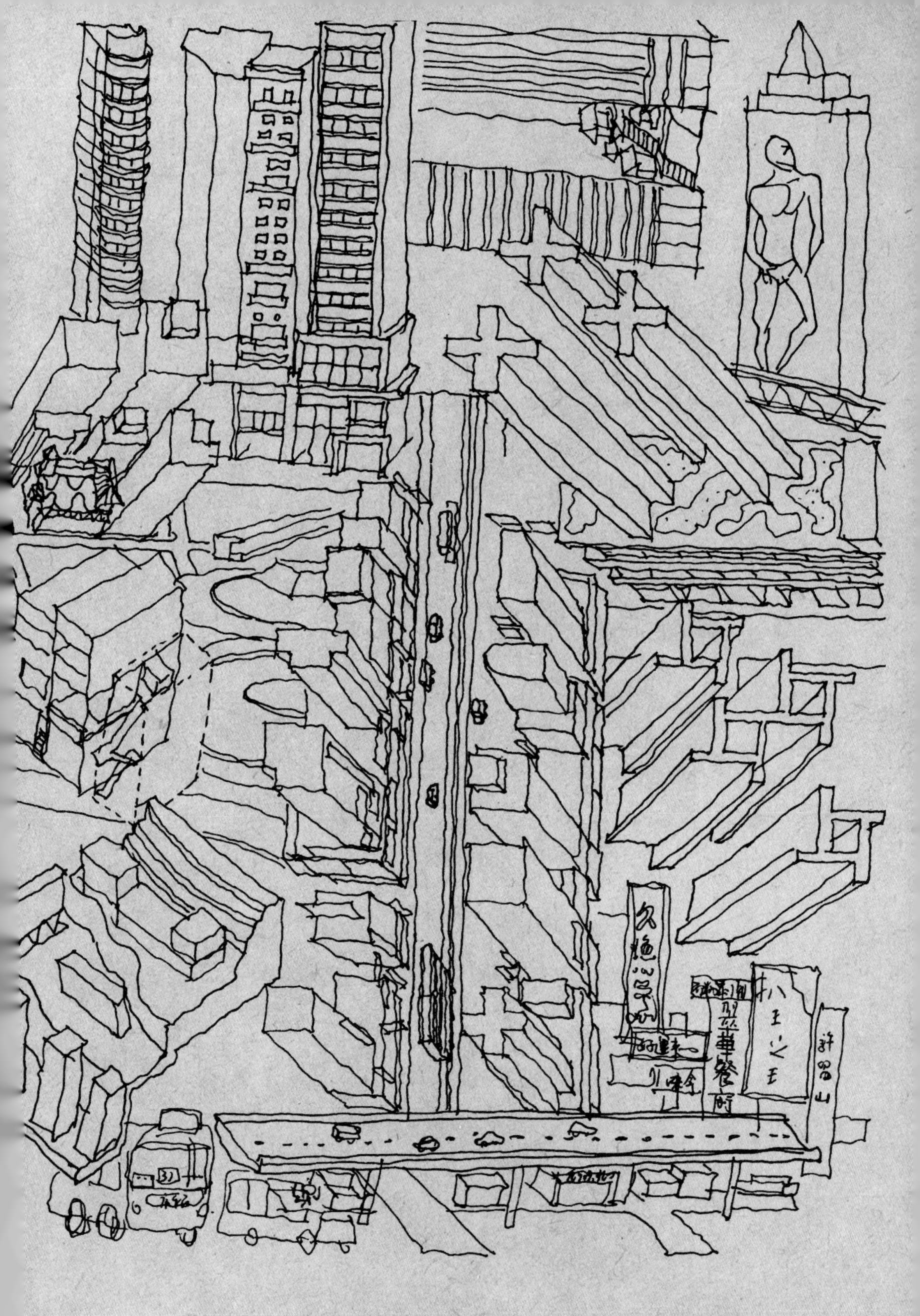
八王之王

北京蒙太奇

拼贴主义的千年皇都

深圳梦呓

速生都会的精神分析

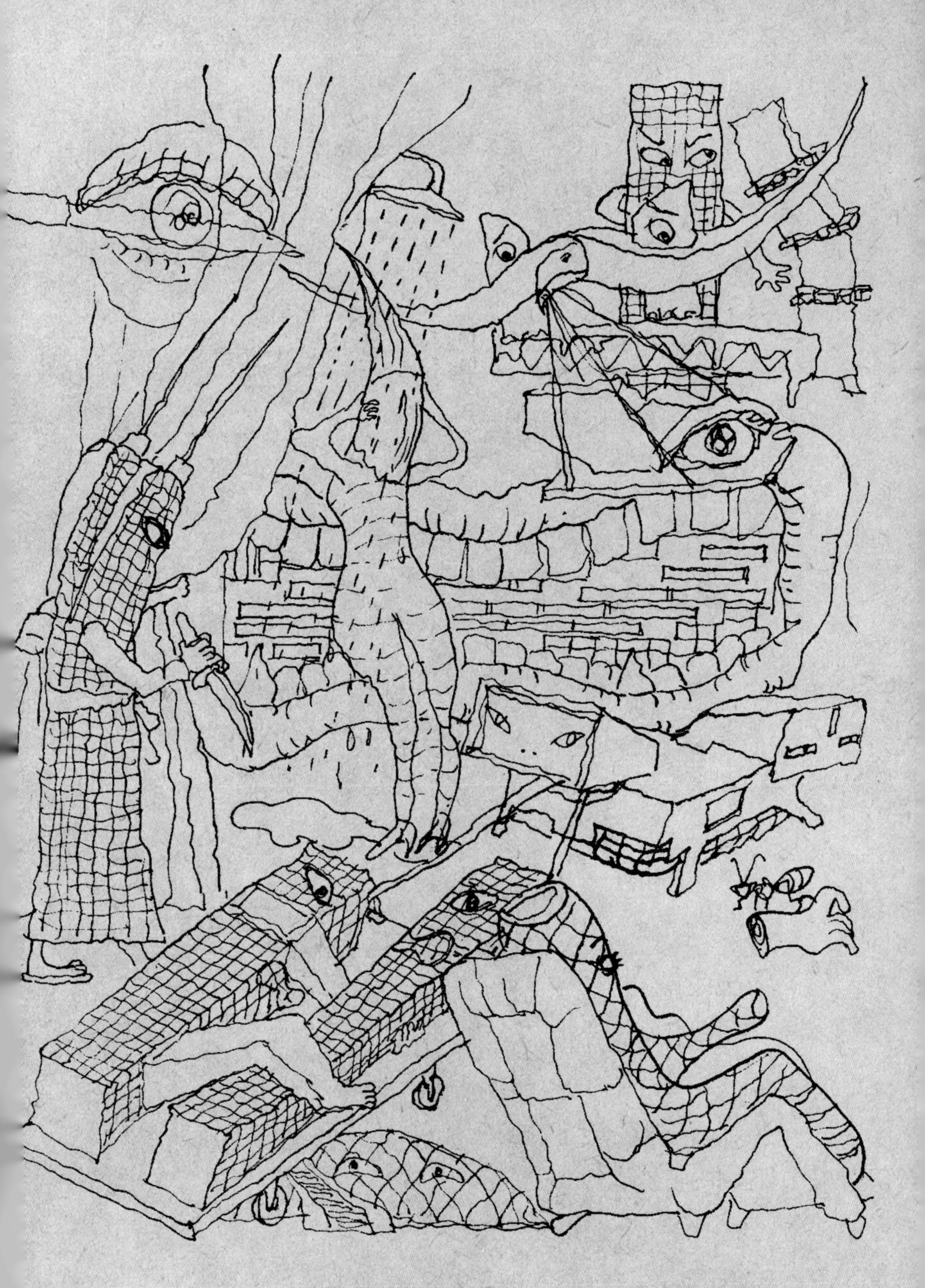

I ♥ 歌舞伎町

东京原型

绚烂浮世下的原初本心

798 创意园：ACE 咖啡馆，黑金属风格的室内设计，一排如同琴键式的金属钢架，可自由调节角度，形成某种空间雕塑。

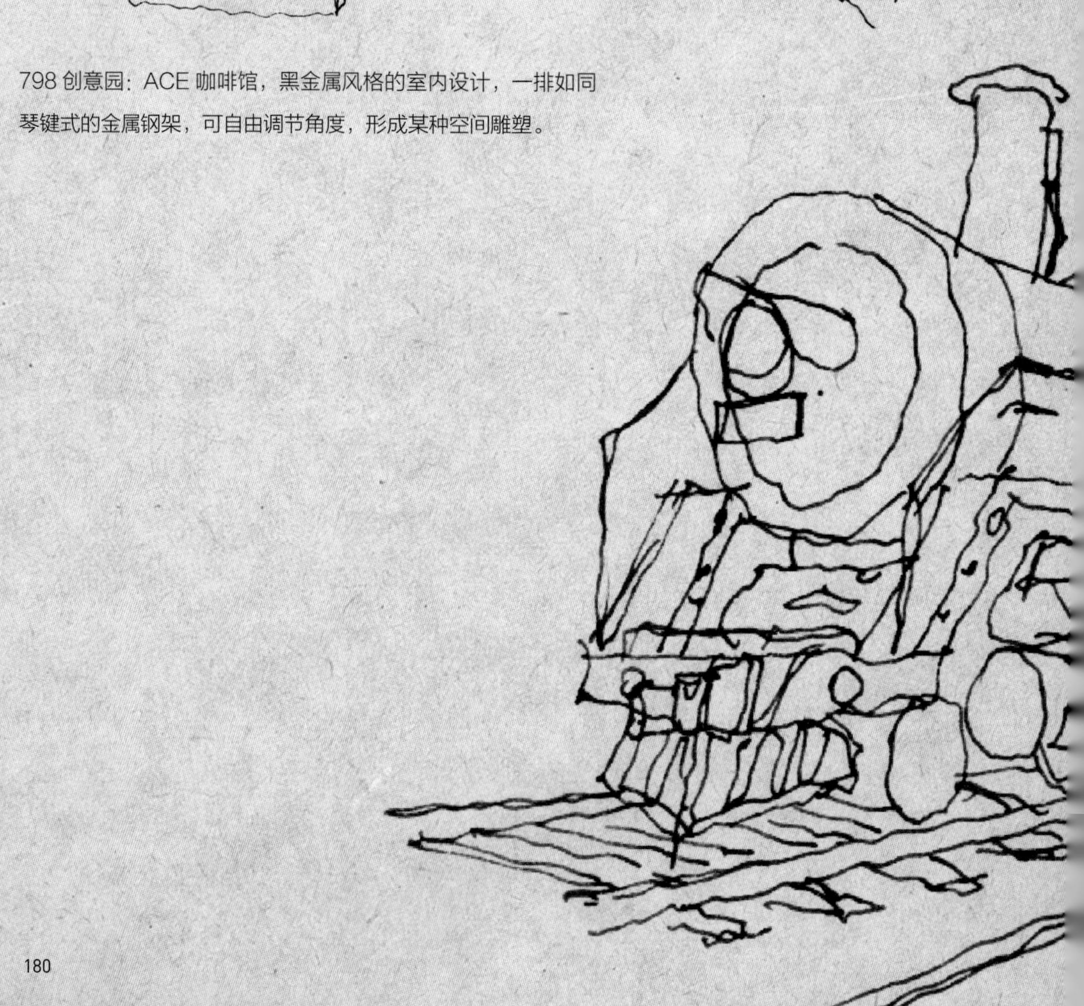

ACE CAFE

广渠路竞园：厂房原本体量具有高低错落的参差感，大多数改造操作尊重了原有建筑的型制，此处仅用了透明玻璃栏板、开敞的窗洞和休闲雨篷塑造空间。

为了让加建部分得以凸显又不至破坏原有建筑，底层的新空间采用了倾斜体量，与原有建筑洞口形成些许夹角，并以材质的差异标示了自己的领域。

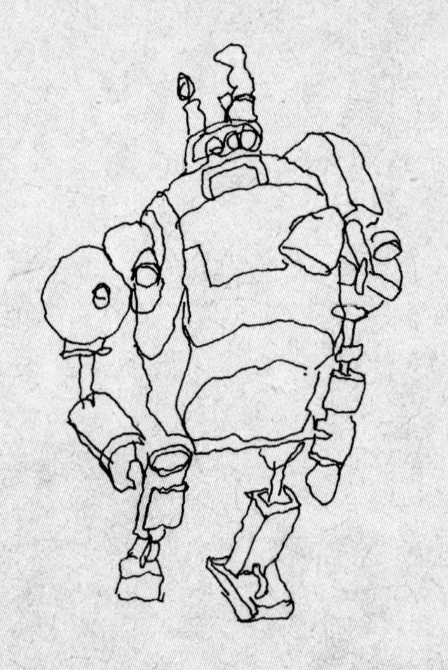

北京电影学院的综合教学楼前的机器人雕塑：类似的电影人物在校园中还有几处，记录了电影发展史上著名的时间点，成为学子们毕业时拍照的必选背景，精神图腾。

北京电影学院的综合教学楼：入口处采用了内退的三角空间，并嵌入弧形玻璃立面，雨篷处又做了折板处理，动荡的元素给人解构主义的不稳定感。

清华大学建筑学院的门厅：两层通高的大厅，清水混凝土的墙面，直达二层的直跑楼梯，水平的长凳，配以若干大比例古建局部模型，既有强烈的空间感，也让人联想到名校百年沧桑的历史。

国贸大望路路口：远处是华贸中心的三座塔楼。高架路像一条不可逾越的屏障横亘在眼前，而道路的这一边，是每天傍晚返回燕郊的上班族长龙。由于公交严重不足，很多白领自发选择拼车归去。

侨福芳草地中一个普通的过道，一个裸身的人体雕塑套着一个轮胎站在路边，看似不经意却是某位著名艺术家的作品。从护栏看出去，对岸紫色光带的折板装饰物美轮美奂。

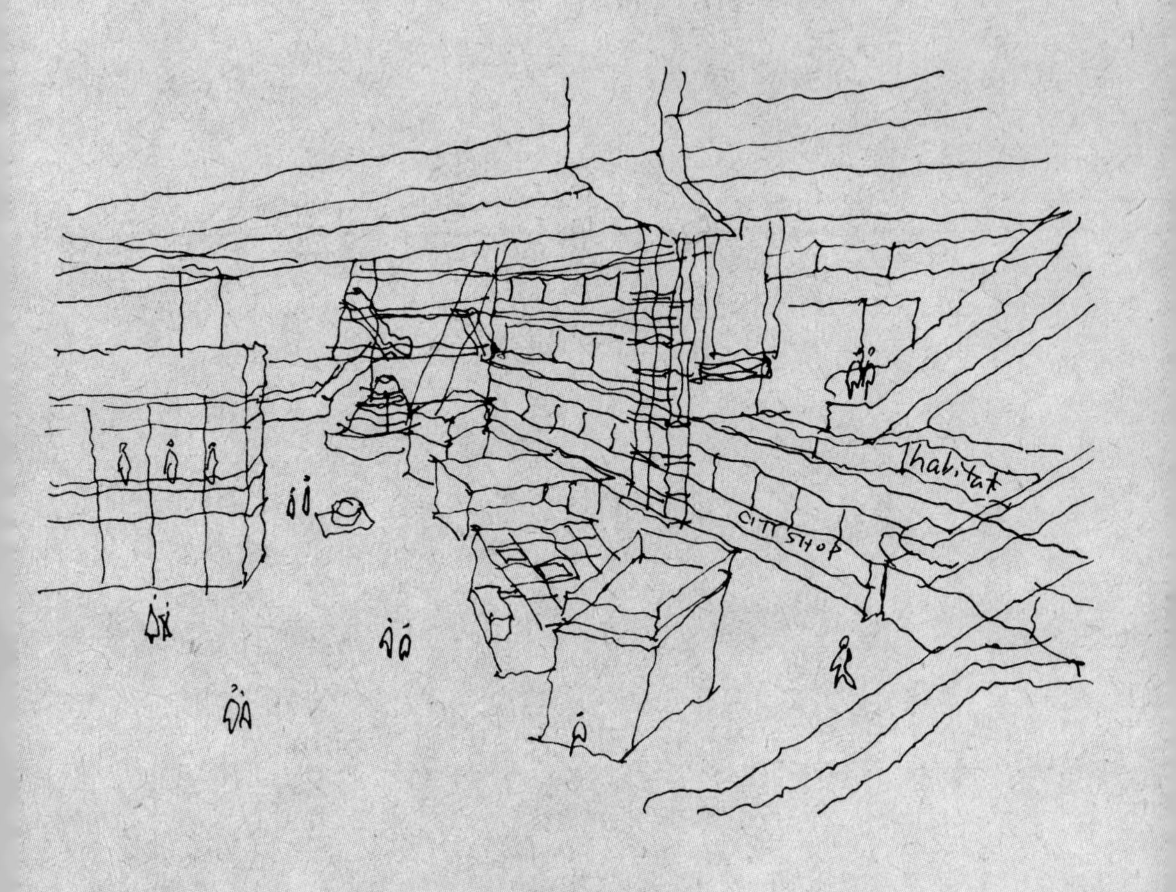

侨福芳草地的大厅，数栋微型塔楼的底部构成一个封闭的连续室内中庭，自动扶梯在空中恣意飞舞，而红色钢悬索桥在空中飞架南北，金属的炫光和店内琳琅的陈列，无处不在的艺术品，构筑出一个超现实的世界。

老字号王府井百货：以欧式古典风格出现，昭示了他与众不同的基因和特殊历史。如今立面被重新粉刷，光鲜有余而厚重不足。王府井大街如同一条陈列的展览大道，各商场像是展柜上的陈品，身姿各异地吸引着游客。

位于王府井北边的银泰中心，立面做了多重波纹的透明立面，底部是大量奢侈品牌的门面拼贴，仿佛一个倒置的裙摆，低调地摇曳着身姿，宣扬着自己的贵族血统。

与王府井百货相距不远的新东安商场（APM），外观是典型的中国古典元素“穿衣戴帽”的手法，这在上世纪九十年代的城市更新中以行政命令硬性贯彻的手法在北京非常普遍。建筑的“舞台布景化”现象是后现代都市的普遍特征。

虽然外表以一种非常传统的面目示人，但新东安商场（APM）的内部却是另外一个天地。完全现代简约风格的装修风格，交叠错落的空间，和营业至凌晨的不间断购物娱乐理念，全部指向新世代。北京的建筑具有超强的自我包容性，能将内容与外壳心安理得的完全分离。

按照北京“现代化”的惊人速度，任何传统胡同街区都可能迅速消失，这似乎是他们无可逃避的宿命。但琉璃厂的街道建筑却倔强地呈现出“逆现代化”的离奇风貌，传统在此处仍然具有强大的掌控力。

为了给其中的书画文玩市场创造适宜的氛围，琉璃厂的建筑刻意在各个角度向传统靠拢。在下图中联立的饭馆和纸坊，尽管体量微末，仍然将传统的行头套遍了全身。这是“以被容纳物影响容器”的反向建筑操作。

木牌坊和红灯笼是入口的界定物——穿过这个门洞，则进入另一重结界。

即便是“炸薯条”这种外来物种，也需要一个完全本地化的外壳来进行包装。

作为北方为数不多的“街区式”商业区的代表，三里屯太古里用一种差异化集合的方式取得了个性与整体的统一。在潜意识层面上，它与曼哈顿的逻辑一脉相承。在一个均一网格的地块下，无限放任了个体的自由度:空间的、程式的、商业的。

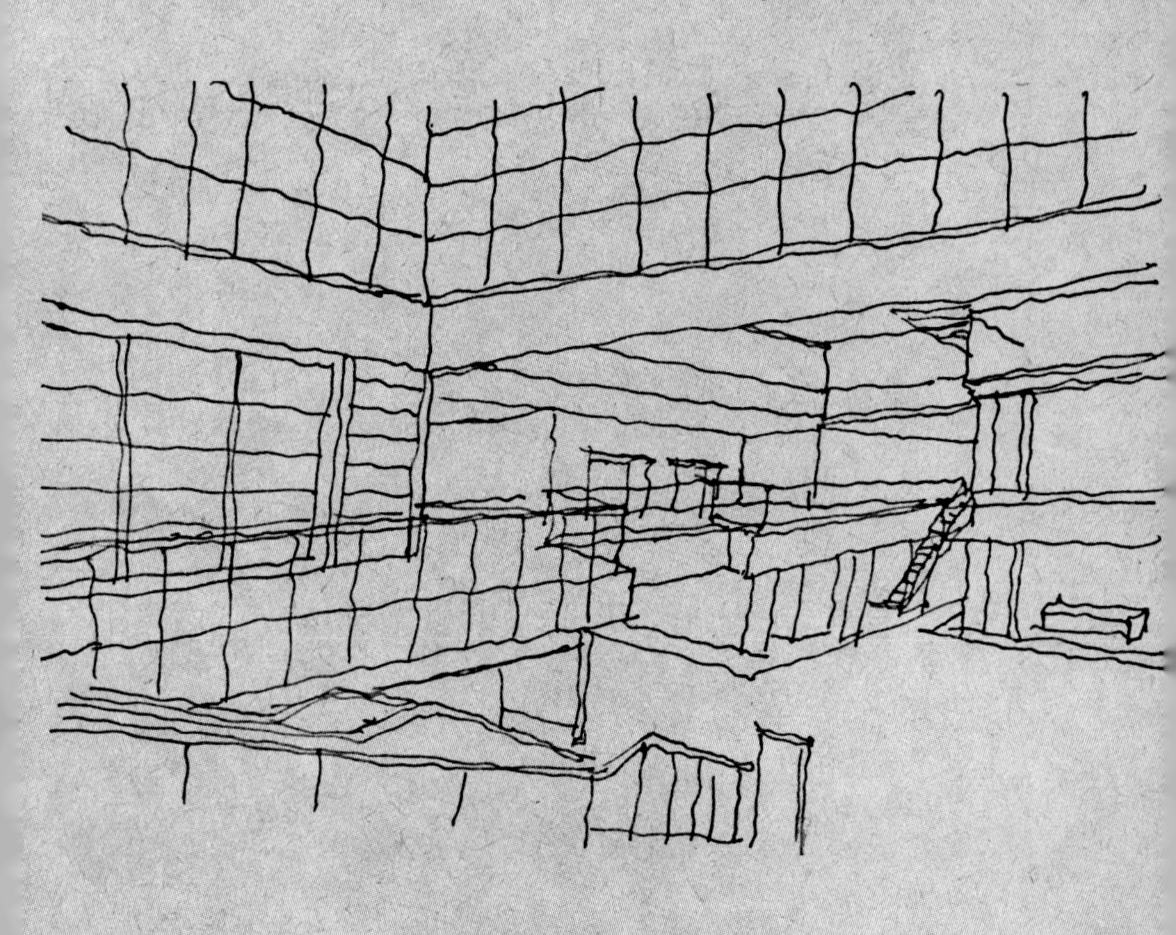

相较于太古里南区的大众时尚路线，北区的高端消费属性从建筑的角度也彰显无遗：昂贵的材料、考究的细部、刻意昏暗的灯光……每一栋旗舰店建筑本身就是一个展柜，可以被观赏、品尝、流连和传播。

当代 MOMA 在北京的高层公寓集群里绝对是个异类——对于它的建筑师斯蒂文·霍尔来说也是。霍尔的多孔海绵体光容器建筑为了在中国落地，不得不加上一个“手拉手的簪花仕女”的概念，而纯白无朝向差别、均质孔隙的公寓对于当代置业的挑战也是空前的。建成之后，由于坚持走艺术社区的路线（库布里克书店和百老汇艺术影城），其作为北京城东三环文化地标的地位一直很稳固。

荷花市场是人们心理上“什刹海”的入口所在，虽然它的区位离湖区的中心还距离尚远，但每个地方除了现实的地图，人们心目中都有一个自己的心理地图，这两者往往并非重合关系。这种约定俗成的地点往往是多种因素作用的结果。而银锭桥区域则是后海的一个中心点，它位于湖面突然变窄的街道口，两侧的房屋也突然向中间聚拢，三个方向的游人车马在这里摩肩接踵。

后海最能感受到历史弧光的位置，往往在不起眼的地方，那水的转弯处，没有商业侵扰的所在，夕阳下波光粼粼，柳条微摆，灰墙暗瓦沉默不语，也被涂上一抹金色。四下安静无声，仿佛是另外一重人间，走着走着，也许过去哪个王爷贝勒就提笼架鸟地从对面悠哉哉踱过来了。

后海的酒吧通过对单一地块的占有和个性化开发，最大程序化彰显了个性的价值。这让规划者头疼的情节想象压力荡然无存，每个小地块都有自己的故事。酒吧街为初到北京尚且对于时尚北京有充分美好期待的人提供了偶然碰撞擦出火花的机会。但疏于设计的立面，和过于浓重的鼓点让这些场所自贬身价，与他们的目标预设背道而驰。

后记

心理北京

BEIJING MONTAGE

姜文在其电影《阳光灿烂的日子》中描述了一个这样的北京：马小军和他的青年朋友们穿行在部队与传统胡同之间，他们在前苏联风格的老莫餐厅聚餐，在共产主义工人新村中窥视梦中女神。彼大院时是公元 1994 年，那是新中国从集体主义计划经济向社会主义市场经济转变的过渡期，电影虽饱含浪漫情怀但仍以现实主义的笔法还原了时代的质感。到了 2018 年，姜导的另一部电影《邪不压正》上映，有趣的是此片仍然以北平为背景，但时空穿越到了民国，主角李天然身怀绝技，在连绵成片的胡同屋顶上蹿房越脊，快意恩仇。尽管此片中出现了大量民国场景元素，另一位文化名嘴高晓松在兴致勃勃地看完全片后叹道：这与他所期待呈现的、原著《侠隐》所描绘的那个充满“京味儿”的老北京大相径庭，言语中隐隐透出失望之意。

这种观念的差异无疑确切地证明了一件事情：一千个人就有一千个北京。

根据凯文 · 林奇的著作《城市意象》中对于知觉心理的描述，我们可以认为城市的“地图”有两种版本，一种是印在纸上、作为共同导向文件的标准官方地图，另一种则是每个人在自己心目中编制的“心理地图”。独立个体因职业、个性、生活习惯、行进目的的差异而长期积淀，描绘了一幅幅迥异的“意象集合”。而 19 世纪著名知识分子本雅明所提及的“都市漫游”者，更将松散的个体经验对于城市空间的回应提升到了一种重要的位置。笔者明确相信，如今每个生活在北京的人，因阶层、身份和喜好的差异对这个城市均有不同的观感，而 2000 多万的庞大人口基数更倍增了其非统一性，但我们仍然能从中发现许多共同的困境：

往返于中关村和回龙观的程序员们与穿梭在通州和主城之间的剪辑党们，每天面对“挤不上”的西二旗和“换不动”的国贸站都是同样的抓狂；聚集在“宇宙中心”五道口的博学知识分子家庭和东三环朝阳路附近的高级单身白领们，面对“10 万 +”的房价都是一样的无奈；绘画爱好者看到 798 创意园内日益减少的画廊、不断增加的廉价工艺品店，与音乐文青们发现突然倒闭的麻雀瓦舍、Mao 音乐现场，感受到的是同样的虚无和惆怅。无论你是在北四环的奥森还是南五环的房山郊外，晨跑时呼吸的都是同等“醇厚的霾”……正所谓“美好的感受总是千方百面，不堪的痛楚却往往大同小异”。日益明显的“大城市病”令所有人都感同身受，苦不堪言。

出版社的编辑老师在与笔者最初沟通对此番北京研究成果的观感时表示，似乎“太商业了一点儿”。这种印象可以说是真实而准确的，这并不是说笔者刻意选择商业化的案例来描述，而恰恰表达了我们一贯的现实主义观察视角：我们无意精心遴选那些“纯粹”的项目，以营造一个“文艺氛围”浓厚的美好北京的虚幻图景，而更希望客观呈现当下北京的真实全貌：他是体态臃肿的、身有顽疾的、气喘吁吁的、头晕目眩的……既不像香港那样拥有超高密度下高超的城市运行智慧，也没有东京那般用杂交手段处理多元需求的清晰逻辑，他的特征是含混的、暧昧的、无法清晰定义的，文艺的外衣下隐藏着商业的内核，公共性的初衷驱使却又往往终结于非人性化的失措……这就是最真实的北京现场。

面对城市的痼疾，城市管理者当然不会坐视不理。2017 年出台的《北京城市总体规划 2016 年—2035 年》对未来北京二十年的发展自上而下指明了方向，最具有颠覆性的举措是改变过去“单中心、摊大饼”的发展模式，改为“一核一主一副，两轴多点一区”的多中心城市结构，其疏解过密人口、均衡功能布局的意图非常明显，与数十年前梁思成、陈占祥先生为保护旧城、分散首都功能所提出的规划方案隔空呼应。官方媒体对于此轮规划总结了如下的要点：1、让核心区安静下来——即加强东西城及周边区域作为国家首都的职能本质，腾退非首都职能。2、逐步疏解人口——将高校、医院及部分国企外迁，保证与国家行政职能无关的机构不再对中心区构成压力。3、改变现有单一商品房供应体系，变为商品房、共有产权房、公租房等多种居住形式并存，并将学区与住房脱钩。4、让五环外热闹起来——即建设功能齐备的卫星城市，人们不仅住在郊区，还可以就近工作，避免向中心区长途往返跋涉。这几点从目标上理解无疑都是针对北京现有城市顽疾的，但仍然让人产生诸多疑问。首先，用过于行政化的方式对功能进行再布局，是否与城市的需求和自然生长规律有相悖之处？其次，在实际执行过程中的具体措施与想要实现的目标之间是否存在某些错位（比如曾经一度饱受争议的"清除低端人口"的提法，和对于胡同"开墙打洞"现象的一刀切式的封堵）。城市是复杂的，需求是多样的，文明并非仅仅靠维护表面的光鲜或者秩序即可轻易获得。

正如生活在 21 世纪的我们认为自己生活在一个资讯爆炸、生活失控的时代一样，19 世纪欧洲市民如本雅明和波德莱尔，每日的生活也同样都笼罩在挥之不去的癫狂感之中：每天早上醒来，旧世界已经瓦解，又要构建对于新世界的认知。随着人类科技的进步，这种变革是日益加速，不可阻挡的——"该来的总是要来的"。但是，新规划策略的效果究竟怎样？我们不得而知，我们拭目以待。

作者

2018 年 10 月

编辑手记

再见，为平

不是挥手再见，而是热情相贺，身为新锐编剧和导演的为平，已经脱去十年前初见时的青涩，周身上下漾着文艺范儿！刚获悉他编导及拍摄的影片《垂直》获美国第四届戴维斯国际电影节“最佳华语艺术片奖”，并入围多个国际电影节。“张导”，关于这个称谓的转换，他花了整整五年时间。记得 2012 年底的一次会面，他说要再次北上求学，到北京电影学院进修导演专业。（What？太任性了吧，现在的年轻人，好好的建筑师、青年学者，怎么又改弦易辙！）

镜头摇回 2008 年初夏，经朋友引荐，第一次见到这个年轻的海归建筑师，他羞涩内敛，不太善于言辞，只说留学荷兰、热爱建筑、供职香港、潜心研究，是个能用双语写作、内心异常丰富、渴望文字表达的青年设计师。彼时，他的书稿是用INDESIGN排好版的《隐形逻辑——香港，亚洲拥挤文化的典型》，作为一本建筑类专业书，文字非常少，但新颖的示意图和图文混排的案例，天然呈现出一种新锐设计师的洋味。这种对理念的表达方法本身对于从事这个专业的人来说，就是一种新的体验。

美中不足的是，书中虽然提出了很多香港的现象和问题，但并没有进一步深入阐述现象和问题背后的规律及研究方法。但总的来说，这是一本关于香港的、让人回味的书籍，分析图很有启发性，也可以当作特别的旅游小册子，循着它的线索来一次特别的香港行。基于这样的感性认识，我慷慨地表示愿意无偿帮助他出版此书，这在十年前，以选题创利为考核指标的出版行业里，也是相当有魄力的，甚至称得上“侠义之举”。

高密度、拥挤、高速、极限……这些一贯作为香港的代名词，也切切实实地体现在我们的出版过程中。为了节省成本，为平亲自负责书稿排版，我负责文字审校及协调装帧设计，短短两个月成书，正式出版发行。当时真是战战兢兢首印 3000 册，心里打着小鼓，真不知道这本小书的命运如何？会不会藏在深闺人不识——谁知道，惊喜很快就来了，当年就首刷售罄！太意外，营销发行和建筑分社的同事都表现出不可思议的样子:）尽管当时匆忙付印，尚有四色套印偏移、开本较小、版面拥挤、编校疏漏、中英文不对版等诸多不完美，但都掩盖不住该研究本身所折射出来的才华和热情，以及年轻建筑学人开拓创新的理念表达。真是瑕不掩瑜！之后，二刷、三刷、四刷，几乎创下了我社同类建筑设计及城市研究人文读本的销售纪录。此书在 2014 年，由香港商务印书馆购买版权出版繁体中文版，成为当年香港地区畅销书。又开了我社的一个版权输出的先河。

再之后的合作，就是顺理成章。2011 年出了《荷兰建筑新浪潮》，2014 年又出版《现实乌托邦——“玩物”建筑》，每次为平的文本都在突破，有大师访谈、有精彩影评、有大胆的批评和规划建议，总是在努力于建筑之外找到叙述和表达，以期引发共鸣的切入点。不得不说，我每次都被他的执着和异想震惊。好在有了第一本书的大卖，虽然我们东大社一贯以出版严谨建筑学术书著称，但他的另类选题，也总能顺利过关。

2013 年，为平真的去北影进修导演专业啦！同龄人都忙着成家立业，他却毅然选择北漂。我不免担心他，时不时微信问问近况。毕竟帝都太大、人才太多，演艺圈的水也太深，真怕这个不知天高地厚的好苗子就此湮灭。大约沉寂了两三年，只断断续续了解到，他写剧本了，他参与拍片了，他到处跑外景地了……我暗忖，建筑师如转去做摄影师或者服化道，绝对是有功底和素养的（没有任何贬低的意思，只是术业有专攻）。

2017 年，他突然发来编导的电影《垂直》的宣传片段，这是我国第一部建筑学主题电影，我真服了！为年轻人不懈追求梦想的韧性而折服。记得为平北上求学的 2013 年，李宇春发了首标志性的歌曲《再不疯狂　我们就老啦》，那大概是 80 后的集体呐喊，满含着青春的骚动和生命的昂扬——“没有回忆怎么祭奠呢？”。没有坚持梦想的过程，何来珍贵的回忆呢？值得庆幸的是，这个时代是激情四射的年代，坚持梦想、必有回响！

值此张导新片《垂直》获奖、新书《北京蒙太奇》付梓之际，特此追记，我所见的、他所赴的追梦之旅！

书剑侠　于金陵六朝松畔

2018/11/5

图书在版编目（CIP）数据

北京蒙太奇 / 张为平著. 一南京：东南大学出版社，2019. 6

ISBN 978-7-5641-8118-5

Ⅰ. ①北… Ⅱ. ①张… Ⅲ. ①城市规划-案例-北京 Ⅳ. ①TU984.21

中国版本图书馆CIP数据核字（2018）第266723号

北京蒙太奇

Beijing Mengtaiqi

著　　者　张为平
出版发行　东南大学出版社
社　　址　南京市四牌楼2号（邮编：210096）
出 版 人　江建中
责任编辑　张　煦
经　　销　全国各地新华书店
印　　刷　徐州绪权印刷有限公司

开　　本　700mm ×1000 mm　1/16
印　　张　14
字　　数　25千
版　　次　2019年6月第1版
印　　次　2019年6月第1次印刷
书　　号　ISBN 978-7-5641-8118-5
定　　价　86.00元